U0183244

启真馆 出品

非地点：

超现代性人类学导论

Non-Lieux:
Introduction à une anthropologie
de la surmodernité

Marc Augé
[法] 马克·奥热 著

牟思浩 译

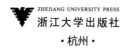
ZHEJIANG UNIVERSITY PRESS
浙江大学出版社
·杭州·

图书在版编目（CIP）数据

非地点：超现代性人类学导论 /（法）马克·奥热
著；牟思浩译. —杭州：浙江大学出版社，2023.5
　ISBN 978-7-308-23608-9

　Ⅰ.① 非⋯　Ⅱ.① 马⋯　② 牟⋯　Ⅲ.① 人类学－研究
Ⅳ.① Q98

中国国家版本馆CIP数据核字（2023）第055154号

非地点：超现代性人类学导论

[法] 马克·奥热 著　牟思浩 译

责任编辑	伏健强	
文字编辑	谢　涛	
责任校对	董齐琪	
装帧设计	林吴航	
出版发行	浙江大学出版社	
	（杭州天目山路148号　邮政编码310007）	
	（网址：http:// www.zjupress.com）	
排　　版	北京楠竹文化发展有限公司	
印　　刷	北京中科印刷有限公司	
开　　本	787mm×1092mm　1/32	
印　　张	5.5	
字　　数	57千	
版 印 次	2023年5月第1版 2023年5月第1次印刷	
书　　号	ISBN 978-7-308-23608-9	
定　　价	49.00元	

目　录

绪

言

开车之前，皮埃尔·杜邦想去自动取款机上取点钱。机器确认他的银行卡后，允许他取出1800法郎。杜邦按下了1800并确认。机器请他耐心稍候片刻，接着吐出相应金额的纸币，同时提醒他收好银行卡。"谢谢您的惠顾"，在杜邦把钞票整理好放到钱包里时，机器这样补充道。

行程很简单：星期日早晨沿 A11 高速公路从巴黎南下，一路畅通。杜邦在杜尔当（Dourdan）收费站无需等待，刷卡通过后，便经环城路绕过巴黎，转 A1 高速公路后到达鲁瓦西机场[①]。

[①]　即法国巴黎戴高乐机场（CDG：Aéroport Paris-Charles-de-Gaulle）。

他在机场地下二层停好车（J通道），把停车卡塞进钱包后便急匆匆地奔向法航的值机柜台。他如释重负地放下行李（刚好20公斤），把机票递给工作人员，问对方是否可以给自己安排一个靠近过道的吸烟位。工作人员沉默并微笑着点头示意，在确认了电脑上的信息后，将机票和登机牌一起递给杜邦，并提醒他："18点在B卫星航站楼登机。"

他提前过了安检，到免税店买点东西——一瓶科涅克白兰地（送给亚洲客户的法国见面礼）和一盒雪茄（自用），并仔细收好发票和银行卡。

杜邦在奢侈品店铺间浏览片刻：首饰、服装、香水……又在书店驻足，翻阅了几本杂志后，选了一本关于旅行、冒险、侦查之类的轻松易读的书，然后不慌不忙地继续闲逛。

他津津有味地品尝着这种自由，它不仅

来自摆脱行李后的轻松，更来自一种由衷的安心感：现在他只需等待接下来的一系列程序，装好登机牌，身份被核验后，他已经被"置于规则中"了。

"敬我们俩，鲁瓦西！"今天，在这些成千上万的个人轨迹相互交错却彼此匿名的人群过度密集的场所，有着某种难以名状的魅力：这种魅力存在于那些边界含混的场所、废墟和工地；存在于那些站台和候客厅，无数人的足迹在这里交错又消失；它也存在于所有充满偶然性和萍水相逢的地点，人们能在瞬间体验到奇遇带来的可能性和一种只需"静观其变"的感受。

登机流程顺利进行。登机牌上标有字母 Z 的旅客最后登机。他们静坐在一旁，饶有趣味地看着手拿标有 X 和 Y 的登机牌的人们在航站楼的出口处挤作一团。

起飞前，在机舱等待空乘人员发放报纸的间隙，杜邦快速翻阅了座位前航空公司的杂志。他想象着用一根手指画出这次飞行可能的航线：伊拉克利翁、拉纳卡、贝鲁特、特兰、迪拜、孟买、曼谷——越过这些时而会在新闻中听到的地名，看完9000多公里的航程，只需要一眨眼的工夫。杜邦看了一眼免税商品价目表，确认长途飞行可以使用信用卡，他心满意足地阅读那些商务舱的专属礼遇，是公司的慷慨让杜邦得以享受这一切。（"戴高乐机场2号航站楼和纽约机场的贵宾室可供休息、打电话、复印或者使用 Minitel 网络①。除个性化接待和贴心服务外，为长途

_____

① Minitel 是通过电话线路访问的 Videotex 线上服务，1982年在全法国推出，用户可以借此进行网上购物、预订火车票、查看股票价格、搜索电话簿、拥有一个电子邮箱，以及以类似现今互联网的方式进行聊天。2012年法国电信正式取消这项服务。

飞行配置的 Espace 2000 座椅更加宽敞，且有独立可调节的靠背和头枕。") 他注意到了面前 Espace 2000 座椅电子屏上的控制面板，接着又沉浸在杂志的广告页中：新款汽车的流线外形令人赞叹，照片中的著名国际连锁酒店被夸张地称为"文明的场所"（摩洛哥马拉喀什的马穆尼亚酒店"在成为豪华酒店前便是宫殿"，而布鲁塞尔大都会酒店则"仍保留着 19 世纪的灿烂辉煌"）。这时，杜邦被一则汽车广告吸引，车名和他的座椅相同：雷诺 Espace。"某天，一种对空间的需求浮现出来并毫无预警地攫住我们，自此便难以摆脱。我们迫不及待地渴望一个私人空间，一个可移动的空间可以带我们抵达远方，操作便捷、一应俱全……"总之，正如在飞机上一样。"您已在空间（Espace：太空）之中，您将感受到在地面上未曾体验过的舒适。"广告以一句双关语作结。

***

飞机已经起飞了。杜邦快速地翻阅杂志
剩下的部分。他先注意到一篇名为《河马，
河流中的统治者》的文章，文章开头将非洲
形容为"传奇的摇篮""魔法与巫术的大陆"；
之后，他扫了一眼一篇关于意大利博洛尼亚
的报道（"人们在任何地方都可能坠入爱河，
但在博洛尼亚，我们爱上的是这座城市"）。
这时，一则宣传日本某款摄像机的花花绿绿
的英文广告吸引了他的注意（"色彩鲜活，音
质明亮，画面流畅，值得您永久拥有"）。自
从下午在高速公路上的广播中听到特雷内①

---

① 特雷内（Louis Charles Auguste Claude Trenet，1913.05.18
—2001.02.19），法国歌手、作曲人。

的一首歌后，其副歌部分的旋律总是不时地浮现在杜邦耳畔。他想，未来的一代再也无法理解歌里那句"照片，青年时代的老照片"暗含的意蕴了。保鲜当下的色彩：速冻照相机。最后，一则维萨信用卡的广告使他感到放心（"适用于迪拜以及您的任何旅行目的地，维萨卡在手，安心出行"）。

杜邦漫不经心地翻看了几篇书评。出于职业兴趣，他被其中一篇吸引了注意，这是对一本名为《欧洲市场营销学》的书的摘要总结："需求和消费行为的同质化是企业在国际新环境下经济疲软趋势的一大体现……这本书揭示了全球化对欧洲企业、欧洲市场营销的有效性和内容以及国际市场环境可预见的变化构成的挑战，以此为开端，讨论了诸多问题。"书评以讨论"对于标准化营销的混合发展有利的条件"和"构建一种欧洲化的交流"作结。

杜邦有些恍惚，他放下手中的杂志。头顶上"请系好安全带"的指示灯熄灭了。他调整好耳机，选定5频道，任由《海顿C大调第一协奏曲》的慢板将自己占据。在飞越地中海、阿拉伯海和孟加拉湾的几个小时中，他终于得以独处。

近处与别处

人们越来越多地开始讨论近处人类学。1987 年，一个主题为"法国的社会人类学和民族学"（Anthropologie sociale et ethnologie de la France）的研讨会在法国民间艺术与传统博物馆（Musée des Arts et Traditions populaires）召开，会议论文集《他者与同类》（*L'autre et le semblable*）于 1989 年出版，其中汇聚了民族学家关于"别处"（l'ailleurs）与"此处"（l'ici）的共同兴趣。这次研讨会及相关作品显著地加深了此前已有的讨论：早在 1982 年，图卢兹曾举办过一次"法国民族志的新道路"（Voies nouvelles au colloque en ethnologie de la France）研讨会，一些相关文章发表在杂志特刊上。

即便如此，我们也不能百分百确定由新的兴趣、研究领域和全新的整合得出的这些共识是否在某种程度上基于一些误解，或引发一些误解。一些关于近处人类学已有的讨论或许会使这一问题更加明朗。

一直以来，人类学就是一门关于此处和此时的学科。做研究的民族学者便是从自身的此处与此时出发去记录和描述他的所见所闻。人们总是可以去质疑他观察的质量和意图、先在的偏见或者其他影响文本写作的因素，但有一点：所有民族学家都假定，必定存在当下现实的直接目击者。理论人类学家除了自身的观察，还依赖其他人的记录和田野调查，因此要求助于民族学家的描述，而非绞尽脑汁地试图诠释一些二手文献。即使是我们这些偶尔曾是"安乐椅上的人类学家"的人，也与埋首于档案文献的历史学家不同。

尽管人们在默多克档案（Human Relations Area Files，人类关系区域档案）中找到的东西有些得到了详尽的观察研究，有些则不然，但无论如何，它们都曾如其所是地存在过；并且，将这些档案分类的依据，如联姻规则、血缘关系、继承制度等，本身也都属于某种"二级的"人类学。远离田野的直接观察就是远离人类学，那些对人类学感兴趣的历史学家所做的研究也不能算是真正的人类学。比起含义模糊的"历史人类学"，"人类学式的史学"这一表述更为恰切。与此对称的反例出现在人类学家不得不求助于历史学的时候，比如当一个非洲学学者的研究很大程度上基于口述史传统时。我们都熟悉昂巴德巴[①]的一句格言：在非洲，一位死去的老者相当

[①] 昂巴德巴（Amadou Hampâté Bâ，1900/1901—1991.05.15），马里作家、民族学家，致力于捍卫口述史传统。

于"一座被焚毁的博物馆";然而，无论信息提供者是否年长，他们都是人类学者讨论和交谈的对象，而他们所讲述的与其说是"过去"，不如说是他们对于"过去"的所知所想。讲述者并非他所讲内容的同时代人，但民族学家却是讲述者和"讲述"本身的同时代人。信息提供者的言谈对于过去和当下具有同等重要的意义。严格地讲，对历史有且应有一定兴趣的人类学家并不因此就理所当然地成为历史学家。这句话意在明确不同学科的研究过程和目标：显然，人类学家对于诸如金茨堡（Ginzburg）、勒高夫（Le Goff）、勒华-拉杜里（Leroy-Ladurie）这样的历史学家的工作有着最强烈的兴趣，但这是历史学家的工作，即通过对文献史料的研究讨论"过去"。

以上是对于"此时"的讨论，我们再将

目光转向"此地"。诚然,欧洲或西方意义上的"此地"是相对于遥远的"别处"而言的,也即过去的殖民地,今日的"落后地区"。这些地区过去赋予了英法人类学家们进行田野研究的某种特权。然而"此地"与"别处"的对立(这是一种很粗略的划分:"欧洲"和"其他地区"。这令人想起英国在足球全盛时期举办的比赛,赛区只分为"英国"和"其他地区")并不能成为两种人类学之对立的起点,除非我们预先明确设定,我们讨论的就是两种截然不同的人类学。

民族学家因为远方殖民地的锁闭才倾向于重返欧洲,这一判断存在争议。首先,在亚洲、非洲、美洲开展人类学调查工作是极具现实可行性的;其次,进行欧洲的人类学研究具有积极的意义,完全不是一个"退而求其次"的选择。正是对这些积极意义的检验使我们能够准确地把握欧洲／别处这一对立的内涵，而某些最为现代化的欧洲民族学定义正是基于此形成的。

实际上，在"近处人类学"的背后呈现出来的是双重问题。第一个问题是，就现实状况而言，对欧洲进行的民族学研究在成熟性、复杂性和概念化方面能否达到对遥远地区的民族学研究的水平？对这一问题的回答是肯定的，至少对于欧洲主义的民族学家而言在未来是如此。因此，在上文曾提到的文集中，马蒂娜·塞加朗（Martine Segalen）表示很高兴看到两名研究欧洲同一地区的亲属关系的民族学家能够像"研究非洲种族的专家"一样互相讨论。安东尼·P. 科恩（Anthony P. Cohen）认为，罗宾·福克斯（Robin Fox）在爱尔兰的托里岛（l'île de Tory）和玛丽莲·斯特拉森（Marilyn

Strathern）在英国埃尔姆登（Elmdon）所做的亲属关系研究极具价值。它们一方面展现了亲属制度的核心角色及其策略如何在"我们"的社会中发挥作用，另一方面展现了一个像英国这样的国家中存在的文化多元性。

但我们承认，这样的提问会将我们引向错误的方向。说到底，它要么是在质疑欧洲社会象征化程度的不足，要么是在表明，以欧洲民族学家的水平，这些问题还无法被分析。

第二个问题则属于另一个完全不同的范畴：现代世界中的事实、制度、（关于工作、休闲及居住的）重组方式以及特殊的流通形态能否以人类学的视角来考察？首先，这一问题涉及的范围远大于欧洲。举例来讲，任何一个有非洲田野经验的学者，都十分了解整体的人类学方法，懂得要将当下现实中多样化的交互性因素纳入考虑范围，即使这些因素无法被清晰地划分为"传统"或"现代"。但同时我们也知道，无论在哪块大陆上，所有有助于我们理解社会生活的制度形态（有偿工作、企业制度、体育赛事、媒体……）都扮演着日益重要的角色。其次，这一问题也完全偏离了最初提问的方向：从当下现实最具挑战性和干扰性的角度来看，问题涉及的并不是欧洲，而是同时代性（contemporanéité）本身。

因此，重点在于不能将方法的问题和对象的问题混为一谈。人们常说（列维－斯特劳斯本人也曾若干次提到），民族学观察同样适用于现代世界，只要我们能通过调查方法从中分离出来一些可控的观察单位。我们很了解热拉尔·阿尔塔布（Gérard Althabe）指出的电梯间、电梯生活对于圣但尼和南特周边集中住宅区的重要性（他当时大概并未察觉这会为政治人物的思考开辟一条新的道路）。

民族学的调查研究有其约束，但这约束同时也是种优势。民族学家需要为一个他所了解并且也接纳他的群体划出大致的界限。这显然是任何一个做田野的研究者都会面对的，但它有着多重面向。一方面是方法的考量，研究者与对话者展开有效的接触至关重要；另一方面是所选取的群体的代表性问题：这意味着要理解我们看见的并与之交谈的人向我们讲述的，以及那些我们无法与之面对面交谈的人的一切。从一开始，民族学家的田野工作就是一种社会测量、尺度操作以及微观比较的活动：他拼凑出一个富有意义的世界，根据需要，通过快速的调查去探索各种中介性区域，或者像史学家一样查阅有用的文献材料。为了自己也为了其他人，民族学家尝试弄清楚，当他谈及那些曾与他交谈的人时，实际想要谈论的究竟是谁。没有什么表明，这一关于经验对象及其代表性的问题对于一个广大的非洲王国和对于一个巴黎郊区的企业而言有何不同。

至此，我们可以给出两条评论。第一条涉及历史，第二条涉及人类学。二者都与民族学家在定位研究的经验对象以及评估其质性代表性（la représentativité qualitative）时产生的担忧有关——准确地讲，这并不是要挑选一个有代表性的数据样本，而是证实是否对一个世系、一个村庄有价值的东西对另一个世系或另一个村庄也同样有价值：某些概念如部落（tribu）、族群（ethnie）等的定义问题正是就这一点而言的。这种担忧使得民族学家与微观史学家既相互接近，同时又彼此区分。或者以尊重前者先在性（antériorité）的方式来表达：当微观史学家不得不反思他们研究的案例的代表性时（比如，研究 15 世纪意大利弗留利的一个磨坊主的生活），遇到了与民族学家相似的困境。不同点则在于，历史学家们为了保证案例的代表性，不得不借助于如"迹象""征兆"或典型的例外性这些概念。而对于扎根于田野的民族学家而言，只要尽心尽力，他总有办法证实当初他观察到的东西是否一直有效，这种对当下进行研究的优势是针对历史学家优势的小小补偿：民族学家们总是能够知道接下来发生的事情。

第二条评论关系到人类学研究的对象。此处的"对象"是智识意义上的，或者说是民族学家概括化（généralisation）的能力。针对村庄某一部分的精细化观察或总结某一特定人群中流传的相当数量的神话传说，这样的工作与"亲属关系的基本结构"或"神话学"理论的形成之间隔着重要的一步。此处涉及的不只是结构主义问题。所有的人类学方法都至少要建立起一定数量的一般假设，这些假设既能从个案研究中获取最初的灵感，又可参与个案之外学科问题形态的构成，如巫术、联姻、权力或生产关系等。

不论概括化的努力是否有效，我们都提取出它们存在的证据并将其作为民族学写作的组成部分，因而我们才可以说，当在一个非异域文化中讨论身高时，问题只关乎调查的特定视角和方法，而非对象：既非经验对象，更非以概括化和比较为前提的理论化的智识对象。

方法的问题不应与对象的问题混为一谈，因为人类学的对象从来都不是对某一村庄或其中一部分所进行的详尽无遗的观察。因为这样的工作即使完成，也仅仅是在为仍不完善的材料库添砖加瓦。最常见的情况是，人类学描述还需要至少在经验层面上，根据调查结果就族群的整体情况给出一个概化的轮廓。近处的同时代性提出的问题并非我们能否以及怎样在一个居民区、一家企业或一所假日俱乐部进行调查（无论做得好与坏，我们总会完成），而是，现代社会生活的某些面向是否可以如同亲属关系、联姻、礼物的赠与与交换等问题那样被纳入人类学观察的范围。这些问题最初作为经验对象引起别处的人类学家的注意，而后作为智识对象促使他们进行反思。在这种情况下，根据对不同方法的考量（当然，这些考量是合理的），我们必须揭示人们所谓的"对象的先决条件"。

对象的先决条件这一问题可能会引起人们对近处同时代性人类学之合法性的置疑。马蒂娜·塞加朗在《他者与同类》的导言中引用了路易·杜蒙（Louis Dumont）在《塔拉斯各龙》（*La Tarasque*）再版序言中的一段话："兴趣中心的转移"和"问题意识"的改变（此处指经验和智识对象之改变）阻碍了学科的自然积累，"直至逐渐毁坏其延续性"。关于兴趣中心转移这点，相对于民俗传统的研究，他特别提出"对最广泛和最具差异性的法国社会生活的把握，而非截然区分非现代与现代，比如，手工业与工业"。

我不确定一个学科的延续性是否能够以其对象的延续性来衡量。若应用到生命科学中，这一判断必定会使人产生怀疑，我也不确定其积累是否切合杜蒙的这句话："当研究完成时，它产出的成果是新的研究对象。"此话若对应于社会科学，对我而言显得尤其具有争议性。因为当社会重组和等级划分的模式发生改变时，涉及的始终是社会生活。而正因如此，新的研究对象出现，引起研究者关注。它们与生命科学研究者发现的对象有着共同之处：新的对象并不取代最初的研究对象，而是使其复杂化。话虽如此，在研究此处和此时的人类学家之中，路易·杜蒙的担心也并非毫无共鸣。热拉尔·阿尔塔布、雅克·谢和诺（Jacques Cheyronnaud）和贝娅特丽克丝·勒·维塔（Béatrix Le Wita）都表达过类似想法。他们在《他者与同类》中打趣地说道，比起家族系谱，布列塔尼人更惦记向农业信贷借出的贷款。然而，在这种表达背后，仍然呈现出对象的问题：没人说人类学家应该比布列塔尼人自己更重视家族谱系的重要性（即使布列塔尼人对此毫不关心这件事值得怀疑）。如果研究近处同时性的人类学家应该仅仅依照业已编录的类别进行研究，如果新的研究对象不应被建构出来，那么开辟新的经验领域与其说是出于必要性的考量，不如说是对于一种好奇心的回应。

✱✱✱

这种先决条件呼吁对人类学研究给出一种积极定义。我们将尝试从两个发现开始建立起这一定义。

第一个发现以人类学研究为支撑：人类学研究在当下考察他者问题，而他者并非人类学偶然遭遇的主题；它是人类学独特的智识对象，也是定义不同研究领域的依据。人类学在当下探讨他者，这足以使人类学与历史学区别开来；人类学又同时在多种面向上讨论他者问题，而这使其与其他社会科学区别开来。

人类学讨论每一种"他者"：相对于一个假定具有认同性的"我们"（我们法国人、欧洲人、西方人）而被定义的外来的他者；他者的他者，即相对于一个假定具有认同性的他者整体而言的族群或文化的他者，"他们"经常简化为一个族群的名称；社会的他者，一个差异系统基于一种"内部的他者"而形成，这一系统始于性别划分，但也通过家庭、政治以及经济来定义彼此的相对位置，因为不参照一定数量的他者，我们不可能讨论其在系统中的位置（长子、老幺、次子、主人、顾客、俘虏）；最后，内在的他者，它与前一种不可相互混淆，这种他者存在于所有思想体系的核心，它的普遍表征回应了一个事实，即绝对的个体性是不可想象的，继承权、遗产、血统、相似性、影响力这些范畴可以使我们领悟到一种补充性的，甚至是构建全部个体性的"他性"。所有关于人的概念、疾病解释以及巫术的文献都证明了民族学提出的一个重要问题，同时也是民族学的研究对象提出的问题：民族学涉及我们可称之为"根本他性"或"内在他性"的东西。在民族学研究的体系中，内在他性的表征将其必要性置于个体性的核心位置，同时使得集体认同和个体认同变得密不可分。有一个非常明显的例证表明，民族学家所研究的信仰内容本身就可能会影响试图解释它们的方法：个体的表征之所以引起人类学家的兴趣，不仅因为它是一种社会建构，还因为个体的全部表征必然是与其同体的（consubstantiel）社会联结（lien social）的体现。同时，我们对关于远方社会的人类学尤其是它所研究的对象十分感激，因为我们发现：社会伴随着个体而发端，而个体处于民族学的注视下。人类学的具体内容与一些社会学学派刚好相反，根据后者的定义，这些具体内容可以通过"数量级"（les ordres de grandeur）得以把握，而这恰恰取消了多样化的个体。

马塞尔·莫斯（Marcel Mauss）讨论过心理学与社会学的关系，但他对应被民族学视角所检视的个体性的定义却给出了严格的限制。在一个值得玩味的段落中，他明确指出，社会学家研究的人并非被划分、控制、驯化的现代精英，而是那些被定义为一个整体的普通人、陈旧过时的人："我们这个时代的普通人——尤其是女人，和几乎所有早期社会或者落后社会的人是一个整体，任何最轻微的感知或精神震动都会对这一整体的存在产生影响。因此，对这一整体的研究对于那些不属于现代社会精英的人而言，是极为重要的。"(p.306) 我们知道，整体性这一概念对莫斯具有极大的重要性，对于他而言，具体（concret）即整全（complet）。但在某种意义上，整体性概念限制并歪曲了个体性的概念。

更准确地说，他所思考的个体性是在文化中具有代表性的个体性，即具有典型性的个体性。我们可以从莫斯对社会整体现象的分析中得到确证，他认为，正如列维－斯特劳斯在《马塞尔·莫斯著作导言》(Introduction à l'œuvre de Marcel Mauss) 中所指出的：对总体社会现象的解释应该包括所有不连贯的面向，并且任何一个面向（家庭的、技术的、经济的）都可以被单独理解，此外，还应该纳入原住民（无论哪一个）已有的或可能拥有的视角。整体社会事实的经验是双重具体（且双重完整）的：它既是精准定位在某一时空中的社会之经验，又是这个社会中任意一个个体的经验。不过，这一个体并不是随便谁都可以代表的：他认同这一社会，他自身不过是这个社会的一种表达。为了说明这一"任意个体"是什么意思，莫斯借助了定冠词的用法，如，"这座或那座岛上的**美拉尼西亚人**"（le Mélanésien）。上述引文对此做出了解释：（这个）"美拉尼西亚人"是整体性的，不仅因为我们从其不同的个体性维度出发去理解他——身体的、生理的、心理的以及社会学的，还因为他具有综合的个体性，是一个文化的表达，而这个表达本身被视为一个整体。

关于文化和个体性的概念还有很多可说（而且我们已经说了不少）。尽管在特定的视角和背景下，文化和个体性可以定义为彼此的相互表达，但这也仅是种平庸状态，所说的不过是其共通之处，以便让我们判断这个是布列塔尼人、英国人、奥弗涅人或是德国人。所谓自由的个体性之反应可以通过显著的统计学样本理解甚至是预测，这种说法已经不再令人震惊。只是，我们还同时学会从集体和个体的层面上去质疑绝对、简单且实际的认同（identié）。文化只是像绿木①（le bois vert）一样鞭策着我们，却无法构建一个完成了的整体性（基于外在和内在原因）；而个体，尽管如我们想象那般简单，却也无法不将自己置于秩序规定分配好的位置上：人们仅在某个角度表达了整体性。此外，如果没有个体主动性的触发，既定秩序尚待确定的特征也许永远不会像在战争、叛乱、冲突及张力中那般展现出来。无论是特定时空中的文化还是体现文化的个体都无法定义这样一个认同的基准面：在此，任何他性都是不可想象的。当然，在定义某些（智识上的）研究对象时，人们不会考虑文化在边缘

① 这种木材具有柔韧性，不易折断，打在身上很疼。比喻严厉的批评或纠正。

地带的"运作"或既定系统内部的个人策略。就这一点而言，人们的讨论和论战往往饱受恶意或目光短浅的折磨。举个简单的例子，一条规则是否被遵守，是否可以被歪曲或违背，与考量这一规则背后牵涉出的逻辑无关，尽管这些逻辑可以构成真正的研究对象。反之，还有其他研究对象是通过考察转变、变化、差异、主动性或反抗的过程而得来的。

我们知道谈论的是什么就足够了。且此处我们只要指出，无论在哪一个层面上进行人类学研究，目的都是解释他者如何根据不同层面上的范畴而建立起来，这些层面对应着他者的位置和加诸其上的需求：族群、部落、村庄、世系或其他聚集形式，直至构成亲属关系的基本单位——我们知道这使得血缘认同受制于联姻的需要。最终，在所有仪式体系的定义之下，个体成为一个充满他性的混合物，成为一个完全无法设想的形象，对照而言，就像国王或者巫师的形象那样不可理解。

第二个发现与人类学本身无关，而是关系到人类学在其中发现其对象的世界，尤其是当代世界。并非如路易·杜蒙所担心的那样，人类学对异域感到厌倦才冒着失去其延续性的风险，转向更为熟悉的土地。事实是，当代世界由于其本身的快速变化而需要人类学的审视，也就是对"他性"这一范畴更新的、有条理的反思。我们要尤其关注以下这三个转变。

第一个转变涉及时间，涉及我们关于时间的概念，以及利用、安排时间的方法。对于某些知识分子而言，在今天，时间已不再是一个可理解原则（principe d'intelligibilité）。

认为未来可以借助过去而获得理解的这种进步思想已经在某种意义上失败了，这种思想伴随着 19 世纪横渡海洋的希望和幻觉出现，并在 20 世纪触礁沉没。实际上，这一置疑参考了几个不同的确证：我们至少可以说，在世界大战的暴行、极权主义和政治上的种族大屠杀中看不到人性的道德进步；宏大叙事的结束，意味着那些试图考察人性的总体演变的庞大解释系统并未成功，甚至误导或消除了那些从它们之中获得启发的政治系统；总体而言，或换个角度看，我们可以说这是一种对"历史作为意义之载体"的重新置疑，因为它奇妙地使人想起保罗·阿扎尔（Paul Hazard），他相信在 17 世纪、18 世纪交替之际，关于古代与现代的争论，以及欧洲意识的危机就已初显端倪。然而，即使丰特奈尔（Fontenelle）质疑历史，他所置疑的也主要是其方法（讲求趣闻轶事而可信度低）、对象（历史只对我们讲述人类的愚蠢）和实用性（年轻人需要认识他们将要生活于其中的时代）。然而，如果历史学家，尤其是当今的法国历史学家对历史产生怀疑，那么他们则不是出于技术性或者方法性的原因（历史和科学一样会进步），而是，他们在根本上感受到巨大的困难：无论是将时间作为一种可理解原则还是赋予时间一个"认同原则"（principe d'identité）。

我们也可以看到历史学家们偏好某些所谓"人类学"的主题（家庭、私人生活、记忆所系之处）。这些研究迎合了公众对于古老形式的喜爱，仿佛它们通过展示我们当代人之所不是来告诉我们之所是。关于这一点，没人比皮埃尔·诺拉（Pierre Nora）在其《记忆之场》（*les lieux de mémoire*）第一卷的前言中说得更好："我们在见证、文献、图像以及所有被视为可见符号（signes visibles）的严格积累中所寻找的，实质上是我们的差异。而在这幅差异的图景中，一种难得的认同突然间爆发。这不再是一种新生，而是在我们'所不再是'的启发下，对我们所是之辨认。"

这一整体观察与战后初期萨特主义和马克思主义的式微相吻合，对它们而言，在思考和分析之后，普遍性显示为是一条个别真理。此外，这一发现还吻合了在其他思潮之后所谓的"后现代感知"，在它看来，一种形式与另一种形式完全等值，多种形式的拼凑物宣告着现代性的消亡，如同一种与进步类似的演化抵达终点。

这一主题永无穷尽，但我们可以从另一个视角来看待时间的问题。让我们从一个日常生活中即可推演出的平淡无奇的观察出发：

历史正在加速。我们几乎来不及变老一点点，过去就已经成为历史，而我们的个人史也已成为历史的一部分。与我年纪相仿的人们在童年和少年时代感受过一战老战士们无声的乡愁：这乡愁好像在告诉我们他们曾经活过，经历过这段历史（而且是如此一段历史！）；而我们永远无法真正理解这意味着什么。如今，20世纪60年代、70年代，很快轮到80年代，它们重回历史的速度和它们出现的速度一样快。历史紧紧跟随着我们，像影子一样，如死亡一般。历史就是一连串被多数人定义为事件的事件（披头士、1968年五月风暴、阿尔及利亚战争、越南、1981年密特朗上台、柏林墙倒塌、东欧剧变、海湾战争、苏联解体），就是一系列我们可以想象在明日的、未来的史学家眼中具有重要性的事件。而我们中的每一个人，即使知道自己对于这些事件而言不过就像法布里斯① (Fabrice) 之于滑铁卢战役一般，还是会将自己与一些境况和形象联系起来，仿佛自己比那些不知道自己在创造历史的人（不然还有谁？）还要不真实。难道不是这种过剩本身（在这个日益拥挤的星球）给研究当代的历史学家们造成了困扰吗？

说得更明确些，事件总是给这样一些历史学家造成困扰：他们等待着历史大变动将这些事件淹没，并将事件设想为过去与此后之间单纯的同义反复，在这里，此后被视为是过去的发展。这论战背后呈现出来的，便是弗朗索瓦·菲雷（又译为傅勒，François Furet）对于法国大革命这一独特事件所做分析的意义。在《思考法国大革命》（*Penser la*

---

① 出自法国作家司汤达的长篇小说《帕尔马修道院》。

Révolution）中，菲雷对我们说了什么呢？他认为，从大革命爆发的那天开始，革命性事件就"开创了一种历史性行动的全新模式，一种未在当下局势中'登记在册'的模式"。革命性事件（从这个意义上讲，大革命具有一种典型的事件性）无法被还原为使事件成为可能，并使其在事后可供思考的因素的总和。我们若仅仅将此分析限制在法国大革命的案例上，那就大错特错了。

历史的"加速"与事件的增殖相吻合，而且通常是经济学家、历史学家和社会学家们无法预见到的那些事件。这都是事件过剩惹的祸，而不应怪罪 20 世纪不计其数的丑恶事件（这些丑恶事件因其规模空前而显得新颖，但归根结底是通过技术得以存在）、知识图式的转变或历史上屡见不鲜的政治动荡。只有一方面考虑到我们的信息过剩，另一方面考虑到一些人所谓的"系统—世界"（système-monde）的相互依存关系，这种过剩才能被全面地评判。它不由分说地向历史学家，尤其是研究当代的历史学家提出了一个问题：若用"过剩"来形容过去几十年间事件的密度，恐怕所有意义都随之消逝。但准确地讲，这一问题仍然在根本上是人类学的。

让我们听听菲雷是如何将法国大革命的动力定义为事件的。这种动力，他说，"可以称之为是政治的、意识形态的或文化的，用以说明在意义的过度灌注下所形成的成倍的动员力量和影响现实的行动力"（p.39）。这种意义的过度灌注恰恰应用人类学的目光加以审视，这也是大量当代事件以冲突（对于这些冲突是如何铺展开来的，我们尚未结束观察）为代价向我们展示的面貌——好比那些无人敢预测其衰败的政体在瞬间倾颓。更有甚者，潜在的危机影响着自由国家的政治、社会和经济生活，而我们仍浑然不觉，照常谈论其意义。这一现象之所以是全新的，并不在于这个世界已丧失了或几乎丧失了意义，也不在于世界拥有的意义变少了，而在于我们清晰而强烈地体验到了"为世界赋予意义"的日常需要：是赋予整个世界一个意义，而非这个村庄或那个家族。这种为当下甚至是过去赋予意义的需要，是事件过剩的代价。它与一种我们可称之为"超现代性"（surmodernité）的处境相符，用以解释其基本形态：过量。

我们每个人都可以，或者认为自己可以对这个事件过剩的时代（这些事件充塞着当下，如同充塞着不远的过去）加以利用。但我们要指出，这只会让我们对意义的需求进一步加强。预期寿命的延长带来了四世同堂而不再是三世同堂的格局，这逐渐在社会生活的秩序方面引起实际的变化。但同时，这些变化也拓展了集体的、家族的以及历史的记忆，它们使个体感受到自己的个人史同大写的历史相互交错、彼此相关着，其需求与失望都与这种感受的强化相连。

因此，人们正是首先通过一个过量的形象（时间的过量）来定义超现代性的处境的。同时，正由于它的矛盾，超现代性成为一个绝妙的观察场，更准确地说，一个人类学研究的对象。对于超现代性，我们可以说它是后现代性只向我们呈现出其反面的那枚硬币的正面。以超现代性的视角来看，思考时间的难度在于当代世界的事件过剩，而不在于进步观念的倒塌，这种观念其实一直以来便缺乏正当性，至少特别容易在其歪曲的形式下显得无效。紧迫的历史，亦步亦趋的历史

（几乎逼近每一个人的日常生活）等主题似乎是讨论历史之有意义或无意义的前提：正因我们急需理解所有现实，为不远的过去赋予意义才会变得如此困难。在当代社会个体身上显现出来的对于意义的正向需求（其民主典型无疑是一个重要方面）能够吊诡地解释那些时常被解读为意义危机之征兆的现象，比如这世界上所有的失望：左派理想的落空、自由主义的落空，很快，将是后乌托邦的落空。

　　当代世界固有的第二个加速转变，以及超现代性第二种特有的过剩形象与空间有关。仍然有点吊诡的是，我们首先可以说，空间过剩与地球空间的紧缩有关：人类开始远离自身，航天壮举和卫星运转是对这一点的体现。在一定意义上，我们踏入太空的第一步便将我们自己的空间缩小成了微不足道的一个点，卫星所拍摄的照片可以向我们展示其精确的尺寸。但同时，世界向我们敞开。我们正身处一个比例尺变化的时代，从太空征服的视角看如此，从地面上看亦如此：高速交通方式使得从一个国家的首都到另一个国家的首都只需几小时。在我们居住的私人空间内，有经卫星轮流传送的各种影像——最偏远的村庄的屋顶上都高耸着接收信号的天线，以便我们即时地，有时甚至是同步了解地球另一端正在发生的事件。我们无疑会预感到这种经过筛选的信息所带来的负面影响和可能的扭曲：这些影像不仅如人们所说的那样会被操控，而且广播影像（仅是数以千计的影像中的一种）发挥着影响，它所拥有的力量远超过它所承载的客观信息。此外，还应注意到，影像与资讯每天都混杂在一起出现在地球的屏幕上。广告影像、科幻影像，虽然加工方式和目的不同，但它们至少基本上构成了一个多样性中有相对同质性的宇宙。有什么能比一部好的美国连续剧更能真实地（或者说包含更多信息地）反映美国生活呢？还应考虑小屏幕在电视观众与呈现大历史的电视演员之间建立起的假性亲密感。这些演员的形象就像小说中的英雄或艺术界、体育界名流那般使我们感到熟悉。他们像风景一般，而我们目睹这风景在有规律地变化：得州、加州、华盛顿、莫斯科、爱丽舍宫、特维克纳姆体育场、奥比斯克山口或是阿拉伯沙漠。尽管我们没有去过，但我们能够认得出来。

　　这种空间的过剩如同诱饵，但我们难以确定其背后的操控者（无人在"云雀之镜"①

---

① Miroir aux alouettes，最初，猎人们用这条短语表示为捕捉云雀而设的陷阱。猎人们在捕捉云雀时，会在地上放置一些混有碎玻璃的木渣，当云雀看到闪闪发光的东西前来一探究竟时，猎人趁机将其击中、捕获。现有"诱饵""陷阱"之意。

背后）。很大程度上，这种过剩构成了一种传统上民族学视为已有的宇宙之替代品。关于这些几乎是虚构性的宇宙，我们可以说它们本质上是"承认"（reconnaissance）的宇宙。象征宇宙的特性便是为继承这一遗产的人们建构一种"承认"而非"认识"的方式：封闭的宇宙中，一切都是符号。虽然只有某些人拥有破解全部编码和使用它们的秘诀，但所有人都承认这一宇宙的存在，它是部分虚构但却有效的全体，是一种（为了成全民族学家的幸福）我们相信自己能够感知得到的宇宙观。因为在此，民族学家的幻想与其研究的原住民的幻想相遇了。长久以来，民族学都致力于将富有意义的世界和认同其自身文化的社会从整个世界中勾勒出来：这是一个意义的宇宙，个体与群体都只是一种"表达"（expression），他们依照相同的准则、价值和诠释方式来自我定义。

　　关于上文已经讨论过的文化概念与个体概念，此处不再赘述。我们只要知道，这种意识形态上的概念既反映了民族学家的观念，同时也反映出他们所研究的对象的观念，且超现代性世界的经验可以帮民族学家拆解这些概念，更确切地说，衡量其重要性。这一经验奠基在对空间的构建之上，而这种空间被现代性空间打破和相对化了。此外，应该理解到：在我们看来，是目前的事件过剩使得对时间的领会更加复杂化，而非对主流历史解释方式的根本颠覆在暗中破坏。同样，对于空间的领会更少地受到被当前空间过剩所复杂化的种种扰动的破坏（因为风土条件和领土仍然存在于实际的田野事实中，更存在于个体和集体的意识与想象中）。我们看到，这种过剩体现在比例尺度的变化上，体现在影像化、想象化的参照物的增殖上，也体现在交通方式蔚为壮观的增速上。它实际上造成了巨大的物理变化：城市的集中、人口的流动，以及我们所谓的"非地点"的倍增。这与社会学定义中的"地点"(lieu) 相对，因为莫斯乃至整个民族学传统都将地点与时空中的文化概念相联系。非地点，既是那些加速人口与商品流动的必要设施（高速公路、铁路、机场），亦是交通方式本身、大型商业中心或难民收容营。从这个角度看，我们所处的这一时代同样是吊诡的：在地球上的空间单位变得可以想象，庞大的多国网络不断强化时，地方主义的呼声开始增强；这些呼声来自那些想在家中独处或想要重新找回一个祖国的人，仿佛一些人的保守主义和另一些人的救世主降临说被迫说着同一种语言——关于土地与根的语言。

我们可以设想，空间参数的偏移（空间过剩）给民族学家带来的难题，就如同历史学家遭遇事件过剩时产生的困扰。它们实际上的确是类似的。然而，对于人类学研究而言，这种困难尤其能产生激发作用。尺度的转变、参数的变化——情况如同 19 世纪那样，很多文明和新文化的研究有待进行。

从某种程度上说，我们是否利益相关并不重要，因为我们每个人就自身而言，还都远远无法掌握事物的所有面向。相反，对于西方的观察者而言，若非他们一开始就企图以其习惯的种族中心主义去进行解读，过去的那些异域文化也不会显得如此不同。如果远方的经验使我们学会将视角进行去中心化，我们就应该以此为鉴。超现代性的世界不像我们以为自己生活于其中的世界一样可被精确度量，因为我们还未学会去观看我们所处的世界。我们需要重新学习如何思考空间问题。

第三个关于过剩的形象，也是超现代性的处境可能被定义的根据，我们对其很熟悉，这就是自我的、个体的形象。正如人们所说，这种形象再度回归到人类学的思考中。因为，在一个没有领土的世界中缺少新的田野，在一个缺乏宏大叙事的世界里，理论逐渐衰弱。一些民族学家在试图将文化（莫斯意义上的地方性文化）视为文本之后，开始只对作为文本（当然，是其作者的表达性的文本）的民族学描述感兴趣。这样一来，如果我们相信詹姆斯·克利福德（James Clifford）所说的，我们在努尔人身上了解到的埃文斯－普里查德（Evans-Pritchard）会比埃文斯·普里查德让我们了解到的努尔人更多。此处无须质疑解释学研究的特点，即诠释者通过对他人的研究构建自身，我们可以假设，涉及民族学和民族志文本时，狭隘的解释学有容易平庸化的风险。对民族志素材进行的带有解构主义精神的文学批评教给我们的不一定比老生常谈和尽人皆知的事实（比如，埃文斯－普里查德生活在殖民时代）更多。另一方面，当民族学用他人的田野研究来代替其研究时，便可能误入歧途。

后现代人类学从属于一种对超现代性的分析（以彼之道还施彼身）。其还原主义的方法（从田野到文本、从文本到作者）仅仅是一种特殊的表达。

在西方社会，至少个体期待自成一个世界。他试图自己为自己解释那些传达给他的信息。宗教社会学家已经证明了天主教实践本身的特点：信徒想用自己的方式去实践。同样地，两性关系的问题只有以个体价值无差异为名义，才能得到解决。我们注意到，如果考虑到以下的分析，这一方法上的个体化就不会显得如此令人震惊：个人历史从未如此清晰地被集体历史所关注，集体的认同基准也从未如此起伏不定。因此，意义的个体化生产从未显得如此必要。自然，社会学可以完美地揭示一种幻觉，这种幻觉导致了方法的个体化，导致了整体或部分地被参与者所忽视的再生产效应与刻板印象。但通过整个广告机制（这些广告用围绕着个体自由之主题的政治语言讨论身体、意义与生活的新鲜感）得以接续的意义生产，其特性本身就富有趣味性：这一特性符合民族学家在不同主题之下所做的关于他人的研究，即我们所说的人类学，而非宇宙论。这种人类学是本土性的，也就是说，是一个身份范畴和他性范畴在其中成形的表现系统。

因此，人类学家面临的提问所反映的困境与莫斯和他之后的所有文化主义潮流所遭遇的困境是相同的。但今天，问题以全新的方式被表述：应该如何思考和定位个体？米歇尔·德·塞托（Michel de Certeau）在《日常生活实践1：实践的艺术》(*L'invention du quotidien*) 中讨论过"实践艺术的计谋"，服从于现代社会，特别是城市社会之普遍约束的个体能够通过日常的小修小补来转变和使用这些计谋，并在其中勾画出自己的布景和独特轨迹。但米歇尔·德·塞托意识到，这些实践艺术的计谋时而反映出普通个体的多样性（具体的集合），时而反映出个体的平均值（一种抽象概念）。同样，弗洛伊德在其若干社会学（就其目的而言是社会学的）著作（《文明及其不满》《一个幻觉的未来》）中使用了"普通人"(der gemeine Mann) 一词，这有点类似于莫斯的工作，将个体的平均值与开化的精英（那些将自己看作一种思考方式之对象的个体）进行对照。

然而，弗洛伊德非常了解，其讨论的这种被多样化的制度（如宗教）异化了的人，也是一个全体意义上的"人"或普通人，从弗洛伊德自己或可在其身上观察到异化效果之机制的任何一个人开始。这种必然的异化，也是列维－斯特劳斯在《马塞尔·莫斯著作导言》中讨论的。准确而言，被异化的恰恰是一些理智健全的人，因为他们愿意生活在一个被自己与他人的关系所定义的世界里。

我们知道弗洛伊德实践了自我分析。当今人类学家面临的问题是如何将其观察对象的主体性纳入分析中，也就是说，基于我们社会中更新了的个体身份去重新定义代表性的条件。我们不能排除，人类学家效仿弗洛伊德，将自己视为自身文化的原住民，简言之，一个具有优势的信息提供者，并且大胆地尝试进行自我民族学分析（auto-ethno-analyse）。

如今，在对个体的参照，或者说"参照的个体化"的重视之外，还需注意的是那些特殊性事实：对象的特殊性、群体或从属的特殊性、地点的重组，还有规则的特殊性。这些规则悖论性地成为关系构造、加速发展以及去地方化种种进程的对立面，并迅速被简化和总结为一些表达，如文化的同质化或文化的全球化。

如何创造一种同时代性的人类学的条件这一问题应当从"方法"转向"对象"。并非因为方法的问题不具有关键的重要性，或方法可以完全脱离对象被讨论，而是因为对象问题是一个先决条件。因为，在对那些可被看作当下同时代性之特征的新的社会形式、新的感知方式或新的制度感兴趣之前，应该首先关注那些已对宏大范畴产生了影响的变化，人们通过这些变化来理解他们的身份和相互之间的关系。我们已尝试通过三种过剩的形象来勾勒出超现代性的处境：事件过剩、空间过剩和参照的个体化。它们使我们在不忽视复杂性和矛盾性的同时理解超现代性，而不再为其构建一个不可超越的"失落的现代性"的视野——在此视野之下我们只能记录其痕迹、为相互隔离的种群编纂目录以及盘点档案。21 世纪将是属于人类学的，不仅因为这三种过剩的形象不过是长久以来的人类学素材的当下形式，还因为在超现代性的处境中（正如人类学以"文化涵化"[acculturation] 一词分析的那样），各个组成部分彼此累加而非互相损害。因此，我们可以首先确定人类学研究的现象中（从同盟到宗教、从交换到权力、从占有到巫术）令人感兴趣的地方：无论在非洲还是欧洲，这些现象没有濒临消失，而用其保留下来的部分重制了意义（它们将重新产生意义），而对于这个与此前不同的世界，明日的人类学家，正如今日一般，将会理解其合理与不合理之处。

人类学地点

民族学及其讨论内容所共同指涉的地点，严格来说，是一个被生活、工作于其中的原住民所占据的地点，他们通过标记战略要地、巡逻边境来保卫它，同时在地点中辨认出阴阳两种力量的痕迹，以及充满这一空间并使其内部环境充满活力的祖先或神灵的神力，仿佛在此地向这些神明奉上祭品与牺牲的一小群人也构成了"人性"的精华，仿佛只有在祝圣的祭祀场所，才称得上有"人性"存在。

而民族学家则恰恰相反，他们致力于通过地点的组织方式总结出一个更具强制性且在任何情况下都显而易见的规则。这些地点的组织方式包括：永远在野蛮和文明之间被设定与标记的边界、耕地或多鱼水域的长久或暂时的分配、乡村的规划、住所的布局和规则，简言之，就是群体的经济、社会、政治和宗教地理。而民族学家对空间的编译则赋予这个地方第二种样貌。因此，民族学家看上去是原住民中最精明、最有智慧的人。

从某种意义上说，这一民族学家和原住民的共有之地是一种创造：它由声称这一地点归属于自己的那些人发现。在此，基础性的起源叙事很少是限于当地的叙事，而通常是那些通过群体的共同冒险和迁徙将当地守护神与第一批居民整合起来的叙事。即使并不总是原始的，土地的社会标记也是如此重要，民族学家的工作就是重新找到它们。有时会出现这种情况：民族学家的干预和好奇心使他所调查的对象对自身的起源产生兴趣，而这一起源可能已被与当下现实关联紧密的那些现象所弱化和蒙蔽，如朝向城市的迁徙、新移民和工业文明的扩张。

诚然，现实源自这一双重创造，并且为其提供了最初的材料与对象。但现实同样可以孕育空想和幻觉：原住民的空想中存在一个持久性的社会，其土地从上古时代起未曾经历变迁，其之外的一切都不可设想；而在民族学家的幻觉里存在一个自身完全透明的社会，这一社会通过哪怕是最细微的习俗（无论是制度还是每个人的普遍个性）都能完整地自我呈现。包括游牧社会在内的所有社会所进行的系统性的自然图绘，使空想得以延续，使幻觉得到滋养。

原住民的幻想是一个为大众建造的封闭世界，严格地说，这一世界不愿为人所知。人们对那些可供了解的东西已然很熟悉了——土地、森林、水源、显著特征、宗教场所、药用植物，同时人们也不会轻视地点概况的时间维度，起源传说与仪式日历使其具有合法性，并保障了基本的稳定性。如有必要，人们应该从中辨认出自己。从仪式的视角来看，所有的意外事件都完全如出生、疾病和死亡一样是可预见的、循环性的，且需要被诠释。不，严格来讲并不是被认识，而是被承认。也就是说，它适用于一种话语和用体系化的术语所表达的判断，因而不太可能使那些文化正统观念及社会体系的守护者感到不快。当空间的安排既是群体身份的表达（群体的根源通常是多样化的，但地点的认同将它们缔造、凝聚和联合起来），同时又是群体应保护其免受内外威胁的对象，从而使认同的语言保有一定的意义时，说这些话语的词汇往往是空间性的，也就不足为奇了。

从这一视角来看，我最初的民族学经验

之一，科特迪瓦阿拉狄安地区的尸体询问仪式足具典型性。更为典型的在于，依托不同模式，这一仪式在非洲西海岸非常普遍，我们也在世界其他地方发现了类似手段。大体上，仪式的内容是使尸体说出导致其死亡的人是住在阿拉狄安村庄之外还是这些村庄中的某一个；是在举行仪式的这一村庄之内还是之外（如果在村庄之外，那么是在东边还是西边）；是在死者自己的家族世系、死者自己的房屋之内还是之外；等等。有时候还会出现这种情况：尸体略过漫长的询问过程，将其搬运者直接引向一个茅屋，撞破栅栏或大门，以示答案就在此处。这足以表明族群的身份认同（此处指阿拉狄安人构建的混杂群体）只有在对内部张力进行有力控制时才得以实现。而只有对族群内外边界的状况是否良好进行反复检验才能达到这种控制——

于是，在几乎每个个体死亡时，这些边界必须被，或已经被重新表述、重复或再次确认，就变成了非常重要的事情。

被建造和不断被重建的地点之幻想仅仅是半个幻想。首先，这种幻想运作得很好，或者说已经运作得很好了：土地被开发、自然被驯服、人口繁衍得到保证。在此意义上，土地神尽职尽责地守护了这一幻想。领土能自我维持以抵御外来侵略和内部分裂，但我们知道情况并非总是如此：在此意义上，我们再一次看到，神谕和预言机制行之有效。这种有效性可以在家庭、家族世系、村庄或群体的维度上被衡量。负责处理零星的突发事件、厘清问题和解决特殊困难的人永远比受害者或牵涉其中的人要多。所有人都相互支持，一切都有条不紊。

说它是半个幻想的原因在于，如果没人

怀疑共有之地和那些威胁它或保护它的力量的真实性,那么便没人会忽视,也从未有人忽视其他群体及其诸神的真实性(在非洲,许多起源叙事都首先是战争和逃亡的叙事),以及商业交易或对外通婚的必要性。我们无法想象(今日如此,昨日更是如此),一个封闭自足的世界形象(对于那些散布这一形象的人以及对其产生认同的人而言)是某种其他的东西而非一个有用且必要的形象,它不是一个谎言,而是一个近乎被铭刻在土地上的神话,脆弱得像被它缔造出独特性的这片领土。而主体,和边界一样,有待于可能的校正。但基于同样的理由,它被迫永远将最后的落脚处视为最初的发源地。

正是在这一点上,民族学家的幻觉与原住民的"半幻想"相结合。同样,民族学家的幻觉也仅是半个幻觉而已。因为,如果民族学家明显地试图将他所研究的对象（即原住民）与其所处的景观、其所形塑的空间建立起同一性的联系，那么他对原住民历史的变迁、其流动性、其所遵循的空间复杂性及其边界变动的关注不会比对原住民本身来得少。像原住民一样，他还可以用其过去稳定性的虚幻标准来衡量当下的混乱。当推土机削平土地、年轻人奔向城市，当"外来者"定居在此，从最具体、最具空间性的意义而言，身份的标记伴随着领土标记的消除而被抹去。

但这并非民族学家欲望的核心，这一核心是知识分子式的，且见证了民族学悠久的传统。

借由这个传统本身已经使用过或很多时候滥用了的一个概念，我们可以称这一欲望为"总体性的欲望"（tentation de la totalité）。

让我们重新回到莫斯对于"总体性的社会事实"这一概念的用法以及列维－斯特劳斯对此的评论。对于莫斯而言，社会事实的总体性引申出另外两种总体性：参与其构成的多种制度的总和，以及生活、参与其中的每个人借以定义其个体性的不同维度的集合。我们已经看到，列维－斯特劳斯精妙地总结了这一观点，他提出，总体性社会事实首先是被"总体性地"感知到的社会事实，也就是说，是一个有待诠释的社会事实，而这一事实所包含的想法可以在生活在这一社会中的任何一个原住民身上找到。不过，这种能被详尽诠释的理想会使小说家感到气馁，因为如此一来，他们似乎被要求在想象上付出多重努力。而这一诠释的理想状态是以"普通人"这一概念为基础的。普通人同时也是一个"总体"，因为，与现代精英的典型不同，

"其整体之全部存在会为最微小的感知或精神震动所影响"。对于莫斯而言，"普通人"是现代社会中任何一个不属于精英群体的人。但拟古主义（archaïsme）只懂得平均值。普通人与"几乎所有古代社会或落后社会的人"相似，和他们一样，普通人在周遭环境中呈现出一种可将其准确定义为一个"总体"的脆弱性和可渗透性。

在莫斯眼中，现代社会构成了一个民族学可以掌握的对象，这一点是存疑的。因为对他而言，民族学家的对象是那些被精确定位在时空之中的社会。在民族学理想的田野中（即那些古代或落后社会），所有人都是"普通的"（我们也可以说，是"具代表性的"）；因此，在时空中的定位很容易实现：它对所有人都成立，阶级的划分、人口的迁徙，以及城市化和工业化都无法影响它的维度、干扰对它的解读。在"总体性"和"局部社会"这两个观念的背后，显然还存在一种文化、社会与个体间的"透明性"概念。

"文化即文本"作为美国文化主义的最新转变之一，已经在局部社会的概念里全面凸显出来了。为了表明将"任意个体"（individu quelconque）纳入对社会总体性事实的分析中的必要性，莫斯引用了这句"这座或那座岛上的（这个）美拉尼西亚人"，当然，意味深长之处在于这种表述借助了定冠词的用法（这个美拉尼西亚人是一个原型，正如在其他时空下，许多民族主体会跃升为一种典型一样），使得一个岛屿（小岛）可以成为体现文化的杰出整体性的典型地点。我们可以轻松地确定出或勾画出一个岛屿的轮廓和边界；在一片群岛中，岛与岛之间航海和贸易的轨迹构成了一种固定而公认的路线，它在相对身份区域（这一区域中存在被认可的身份和制度化关系）和外围世界及绝对陌生世界之间勾勒出一条清晰的边界。对于那些苦于描述特殊性的民族学家而言，理想的状况是，每个族群都是一座小岛，它可能与其他岛屿相关联，但仍与众不同，而且每个岛民都和邻居像在一个模子里面刻出来的一样。

尽管社会的文化主义观点努力使自身更加系统化，但其局限是显而易见的：将每种独特的文化名词化，既忽略了文化内在的问题特质——这些特质反而有时会在其对其他文化或历史变动的反应中体现出来——又忽略了社会纹理和永远无法基于文化"文本"而推演出来的个体处境的复杂性。但我们不应忽视现实性的部分，它恰恰是原住民的空想和民族学幻觉的立足之处：空间的组织和地点的构造发生在同一社会群体的内部，是

集体和个体的实践模式之关键所在。集体
（或领导集体的人），正如依附于它的个体一
样，需要同时考量认同与关系。为了做到这
一点，需要对共享认同（来自整个群体）、特
殊认同（来自相对于其他人的特定群体或个
人）以及单一认同（来自个体或与其他群体
毫不相似的一群个体）的组成部分进行象征
化。空间的处理便是其中一种方式，也难怪
民族学家尝试采取一条从空间到社会的反向
路径，似乎后者已经一劳永逸地创造了前者。
这条路径在本质上是"文化的"，这是因为通
过社会秩序中最显眼、最制度化以及最被承
认的那些符号，它在描画出地点的同时将其
定义为共有之地。

我们保留"人类学地点"这一术语用于
空间的具体且具象征性的建构。这种建构自
身不足以思考社会生活的变迁和矛盾，但

是，它与所有在其中拥有位置的人有关，无论他们多么卑微渺小。这是因为整个人类学就是一个关于"他者人类学"的人类学，除此之外，地点，即人类学地点也同时是栖居于其中之人的意义及其观察者的理解之本源。人类学地点的尺度是多变的。卡拜尔人（Kabyle）的房屋有阴面和阳面、男性空间与女性空间的区别；米纳（Mina）人或埃维（Ewe）人的茅屋里，有室内的雷格巴（Legba）来守护睡眠者不受其自身的本能冲动所扰，也有入口处的雷格巴负责抵御外来侵犯。这些二元论的构造通常借由地面上非常具体可见的界线表示，直接或间接地支配着联盟、交流、娱乐与宗教；在艾布里耶（Ébrié）或阿提耶（Atyé）的村庄，则是三分法安排着不同世系和年龄层的生活。这些地点的分析都富有意义，因为地点已经被意义灌注了，每一条崭新的路径和每次仪式性的重复都加强并确认其必要性。

这些地点至少有三项共同特征。它们呈现出（人们希望它们具有的）归属感、联结性和历史性。房屋的布局、住所的规则、村庄的区域、祭坛、公共场所、土地的分割对于每个人而言都意味着一个由可能性、规范和禁忌组成的总体，其内涵既是空间性的，又是社会性的。出生，即是出生在一个地点，被分配有一个住所。在这一意义上，出生地是由个体身份建构而成的，而且在非洲，对于意外在村庄外降生的孩子，人们会借用他出生地的风景中的一个元素来给他取一个特殊的名字。出生地遵循米歇尔·德·塞托所谓的"专属"的法则（以及专属名称的法则）。路易·马兰（Louis Marin）则借用菲勒蒂埃（Furetière）对于地点的亚里士多德式定义（"身体第一层静止不动的表面，围绕着另一个身体，更确切地说，是一个身体被置于其中的空间。"①），并且引用了他给出的例子："每一个身体都占据它的地点。"但这种单一的、排他性的占据更像是在说坟墓中的尸体而非一个活生生的身体。在出生和生活的秩序中，专属地点正如绝对的个体性一般，愈发难以定义和思考。米歇尔·德·塞托发现，所有地点都存在一种秩序，"根据这一秩序，各组成要素在他们的关系和共存中被分配安置"。而且，尽管他排除了两个东西可以占据同一"位置"的可能性，尽管他承认，地点的每一组成要素一个挨着一个，各自占据一个专属地点，他仍将地点定义为一种"位

---

① Louis Marin, "Le lieu du pouvoir à Versailles", in *La Production des lieux exemplaires*, Les Dossiers des séminaires TTS, 1991.P89.

置的瞬时构型"（configuration instantanée de positions）（p.173），这等于说，不同的独特的要素可以共存于同一地点，然而，这并不限制我们去思考对共有空间的占据所赋予它们的关系和共享认同。因而，给儿童分配其位置的住处的规则（通常在孩子母亲身边，但同时也可能在父亲、舅舅或外婆身边）是将其置于一个整体构型中，儿童和其他人在此共享土地的铭刻标记。

最后是历史性。当一个地点把认同和关系结合起来，通过这种最低限度的稳定性来进行自我定义时，它必然是历史性的。对于那些生活于此，并能从中辨认出并非作为认知客体的标志的人们而言，这种历史性同样成立。对于他们而言，在严格意义上，当人类学地点像科学般脱离历史时，它便是历史性的。祖先们建造的这个地点（"祖先建造的住所更令我喜欢……"），这个我们必须去驱除或解读刚逝去的死者留下的符号，精确的仪式日历定期将守护神唤醒或重新激活的地点，与皮埃尔·诺拉恰切地写出的"记忆所系之处"——我们从其中理解差异，把握不再属于我们的形象——截然不同。人类学地点中的居民生活在历史中，但并不创造历史。这两种不同的与历史的关联之间的差异对某些人而言，可能仍然十分敏感。例如，和我年龄相仿、经历过20世纪40年代的法国人有机会能够参加村庄中（就算只是度假地）的圣体圣血节、祷告日或当地圣人治愈者的年度庆典，尽管这些圣人平日里通常栖身于偏远小教堂的幽暗空间中：因为，如果这些过程和祈愿消失了，他们的记忆不会单纯的如同其他童年记忆一般，对我们诉说时光的流逝和个人的转变。它们的的确确消失了，或毋宁说已经变化了：人们依旧不时地效仿过去举行庆典，正如每个夏天人们会重现传统的打谷方式；小教堂已被修复重建，人们偶尔在其中举办音乐会或演出。这种情形的上演，免不了让当地一些老居民流露出困惑的笑容或产生些回忆性的沉思：这种情形在远处投射出他们认为自己日复一日生活于其中的地点，而他们却被邀请仅仅将其看作一个历史的片段。作为自身的观众和内在的游客，他们不知道应将这种情况归咎于乡愁还是变化的记忆带来的天马行空的幻想，而空间客观地见证了这一切。人们继续生存在其中，但这已不再是他们曾经生活过的地方。

当然，"人类学地点"在智识意义上的地位是模糊的。它不过是一个部分地被具体化了的概念。有这种想法的人将之化为他们与领土、亲人和他人之间的关系。这一概念或许是片面的和被神化了的，它随着每个人所在的位置和观察视角而变化。"人类学地点"这一概念提出并指定一系列标记，这些标记可能并不属于原始的和谐，也并非来自失落的天堂，但当这些标记消逝的时候，这一概念的缺失不会被轻易填补。如果说，民族学家能从他的角度上轻松地对其观察对象所规划的一切保持敏感——比如，在地上铭刻的符号代表栅栏，对于内部关系的精巧操控、从神到人的内在实质、意义的结合与符号的必要性等等——这是因为民族学家将这些形象和需求加诸自身。

如果我们在人类学地点的定义上稍作停留，会发现这一定义首先是几何学的。我们可从三种简单的空间形式出发构建这个定义，它们可用于不同的制度安排，在某种程度上成为社会空间的基本形式。以几何学的术语来说，它涉及线、线与线的相交以及交点。具体而言，在我们日常生活更熟悉的地理学中，我们可以一方面讨论从一处通向另一处的路线、轴线或道路，这些是人们所标记出来的；另一方面是人与人相互交错、相遇和聚集的路口与广场，人们将它们设计出来，并赋予其很重的分量，尤其是为了满足市场上经济交换的需求；最后是一些人建造出来的、或多或少具有纪念意义的宗教或政治中心，它们反过来定义了一个空间和边界，在这一边界之外的人被定义为他者，与其他中心和空间相关。

路线、路口和中心并不因此是一些全然独立的概念，它们在一些局部上有所重叠。一条路线可能会经过不同的地标，这些地标也可以形成许多集聚地；某些商场变成它们标记路线上的固定点；如果商场本身就是一个吸引力中心，它所在的位置可能还有标记着另一种社会空间中心的建筑物，比如神坛、君王的宫殿等。与空间的组合相对应的是一种"制度复杂性"（complexité institutionnelle）。大型商场需要某种形式的政治管控；它们只依据宗教或法律的多样化程序所保证的一纸契约而存在：举例而言，这些地点都是避难所。至于路线，它们经过一定数量的边界和界线，我们知道，这些边界和界线所发挥的功能并非理所当然，并且，它们牵涉到某种经济或仪式上的需求。

这些简单的形式并不能概括大型政治或经济空间的特征，但它们可以对乡村空间和家庭空间做出定义。让－皮埃尔·韦尔南（Jean-Pierre Vernant）在《希腊人的神话和思想》（*Mythe et pensée chez les Grecs*）一书中很好地阐明了，何以在赫斯提亚（Hestia）／赫尔墨斯（Hermès）这对人物中：前者象征着位于房屋中心的圆形壁炉，是群体返回自身的一个密闭空间，某种程度上意味着与自身的关系；而后者赫尔墨斯既是入口和大门的守护神，又是路口和村庄入口的守护神，代表着行动和与他人之间的关系。认同与关系在经典人类学所有关于空间安排的研究中都处于核心位置。

历史同样如此。因为所有铭刻在空间里的关系同样内嵌于时间中。只有在时间中并通过时间，我们刚刚揭示出的那些简单的空间形式才得以具体化。首先，它们的现实是历史性的：在非洲，正如其他地方一样，村庄或王国的起源叙事通常会回溯整条路线，并特别标明那些抵达最终安置之地以前要经过的不同的歇脚点。我们也知道，商场，正如政治首都一样，也有其历史。某些的生成伴随着另一些的消亡。对神祇的获得或创造可能具有历史意义，而宗教信仰与神圣的庙宇，和商场与政治首都一样，都是如此：或永存，或扩张，或消失，它们生长和衰退的空间都是一个历史性的空间。

　　然而，需要进一步讨论的是这些空间在物质层面上的暂时性。这些路线以行进的小时数或天数来衡量。集市广场只有在某几天才叫作集市广场。在西非，人们轻松地划分出内部交易区，在一个星期里，集市的地点和日期建立起一种轮替。祭祀、政治或宗教集会专用的场所也是根据时间挪出来的，通常有固定日期，目的是举办某种祝圣仪式。入教典礼、生育仪式有规律地间歇性举行：宗教或社会的日程通常基于农业历法确定，集中了仪式活动的地点之神圣性可以说是一种轮替的神圣性。于是，与某些地点相关联，并有助于增强其神圣性的这种记忆的各种条件随之生成。涂尔干（Durkheim）在《宗教生活的基本形式》（*Les Formes élémentaires de la vie religieuse*）中指出，神圣的概念与回溯性的特征有关，这一特征本身源自节庆或仪式的交替性。如果说犹太教的逾越节或者古代战士的集结在他看来都是"宗教的"或"神圣的"，这是因为在这样一种场合里，每一个参与者不仅意识到自己所属的一种集体性，还被唤起对过往庆典的记忆。

按照拉丁语词源来看，纪念性建筑物（monument）一词是对永久性，或至少是对一段时期的可触的呈现。神的祭坛、君主的宫殿和宝座都是必要的，以免受制于短暂的偶然性。这些建筑物使得思考世代的延续性成为可能。对非洲传统疾病分类学的一种解释以其方式表达得很清楚：一种疾病可以归因于神的行为，他因看到自己的祭坛被建造者的继承者藐视而大发雷霆。倘若少了不朽的幻想，以生者的视角来看，历史只不过是一种抽象。不具直接功能的纪念性建筑物密布于社会空间内，如宏伟的石质建筑或简朴的土祭坛；对此，每一个个体都会觉得这是合理的，因为对于大多数人而言，这些建筑先于他们而存在，并且将在他们之后继续存在。奇怪的是，正是空间中这一连串的断裂与不连续性塑造了时间的延续性。

或许我们可以将空间构造这种神奇的效应归因于人类自己的身体被看作是空间的一部分这一事实：它有其边界、生命中枢、防御机制和脆弱性，以及武装和缺陷。至少在想象的层面上（但对于很多文化而言，想象层面是与社会象征层面混同的），身体是一种被井然有序地拼凑而成的空间，可以从外部被包围。我们能够举出一些把领土比作身体的例子，反过来，人的身体也非常普遍地被比作领土。例如在西非，人格的组成要素被放在拓扑学的语境中理解，这令人联想到弗洛伊德的拓扑学，只是，前者是运用于那些本质上物质性的现实。因此，在阿肯（Akan）文明（如今的加纳和科特迪瓦）里，两种"力量"定义了个体的心理现象：其存在的物质特性，由其中一个"力量"被身体的阴影所吸纳这个事实直接说明，并通过身体的衰弱源于或始于这两个"力量"其中一个的衰弱这一事实间接表现出来。它们完美的契合定义着健康。假如猛烈地叫醒一个人反而会导致其死亡的话，那是因为其中一个"力量"的另外一个分身在夜里游荡，恐怕来不及在被唤醒的时刻返回到身体里。

身体的内部器官，或某些身体部分（胸

部、头部、大脚趾）通常被认为是独立自主的，是祖先存在之地，因而成为特殊崇拜的对象。于是，身体成为仪式场所的集合，人们在其中识别出敷圣油或洒圣水的区域。我们正是在人类身体上看到有关空间构造的效应。梦的旅程一旦太过远离被视为中心的身体，就是危险的。这一作为中心的身体，同时也是祖先元素相遇和汇集之处，当这种汇集关系着那些在短暂肉体躯壳之前便已存在，并将在其后继续存在的元素时，它便拥有一种纪念价值。有时，将尸体制成木乃伊或为其修建陵墓，是在死后完成从身体到不朽纪念的转变。

我们因此看到，从简单空间形式出发，个人主题和集体主题相互交错、结合。政治象征玩弄这些可能性以显示权威，这种权威在唯一的至上形象中整合并代表着一个社会集体的内在多样性。有时，这是通过将国王的身体与其他身体区分开来，使前者成为一个复合身体。国王双重身体的主题在非洲是完全被接受的。因此桑维（Sanwi，位于如今的科特迪瓦）的阿格尼国王有自己的分身——一个奴隶，人们称之为"艾卡拉"（Ekala），并以先前提到的两个组成部分或力量来命名：两个身体与两个"艾卡拉"（他自己和他的奴隶分身）的堡垒。阿格尼国王被认为享有格外有效的保护，奴隶分身的身体阻挡了所有针对国王个人的攻击。如果分身失职，国王死去，他的"艾卡拉"也自然随之迈向死亡。然而，比神圣身体的增殖更为引人注意和值得说明的是至高权威所在空间的集聚和凝缩。极为常见的情况是，君主被软禁，几乎不能行动，像展出的物品一样被陈列在国王宝座上数小时。这一被动而巨大的君主身体震撼了弗雷泽（Frazer），并由此引起了涂尔干的注意。弗雷泽从中观察到在时空相去甚远的不同君主制国家中存在的共同特征，例如古墨西哥、贝宁海湾一带的非洲以及日本。在所有这些形象中，特别引人注目的是，一个物体（宝座、王冠）或另一个身体有时可以替代君主的身体以保证王国的稳固中心能够发挥其功能，正是这一功能迫使君主长时间地像无机物般静止。

这种静止，与君主所处的狭隘内部空间，极为明确地构成了一个强调王朝永恒性的中心，并且，这一中心整理并统一着社会身体的内部多样性。我们注意到，对权力执行所在地的认同，或对供众议院议员办公的纪念建筑的认同，是现代国家政治话语中始终不变的准则。白宫和克里姆林宫对于那些称呼它们的人而言，既是纪念性的地点，又意味着人和权力结构。经过一连串的换喻，我们习惯于用首都指称一个国家，而用其政府所在的建筑物来进一步指称首都。政治语言理所当然是空间性的（谈到左和右的问题时不就是如此吗），大概是因为政治必须要同时考虑统一性与多样性的问题——中心性（centralité）是这一双重且矛盾的智性约束的最贴切、最形象和最具体的表达。

路线、交叉口、中心以及纪念性建筑这些概念不仅在描述传统人类学地点时是有效的，它们也可以运用到当代法国的空间里，尤其是城市空间。吊诡的是，这些概念在将其描绘成一个特殊空间的同时，在定义上却也成为对照的标准。

我们习惯将法国说成是一个中央集权国家。显然，至少从 17 世纪以来的政治版图上看是如此。尽管近来存在着一些地方分权的努力，从行政层面上讲，法国仍是一个中央集权国家（甚至，法国大革命原本的理想是根据一种纯粹而精密的几何学来划分行政区域）。中央集权留存在法国人的精神中，尤其可以从公路网和铁路网的规划中看出，至少在一开始，它们就被设计成以巴黎为中心的两张蜘蛛网。

更确切地讲，我们应该清楚说明，若说世界上任何一个首都都没有被设计成巴黎这样的布局，那么在法国，则没有任何一个城市不向往成为这样一个范围可大可小的区域中心；历经世代变迁，所有城市都成功地建造了一个纪念性的中心（我们称之为"市中心"centre-ville），它将这种向往具体化、象征化。法国最小的那些城市，甚至是乡村都永远拥有一个"市中心"，象征宗教权威的建筑（教堂）和象征世俗权威的建筑（市政府、地区都督府或重要城市里的省都督府）在此并列。教堂（法国绝大部分是天主教）坐落于一个广场，为穿越城市的必经之地。市政府从不会离得太远，即使偶尔存在市政府拥有自己独立空间的情况，也会有一个市政广场，就位于教堂广场旁边。同样，在市中心的政府和教堂旁边，总是竖立着战争纪念建筑。在世俗概念中，这并不是一个真正的宗教场所，而是一个具有历史价值的纪念建筑（这是对在两次世界大战中丧生的人们的一种致敬，他们的名字被铭刻在石头上）：在某些纪念日，尤其是11月11日，市政当局或军方代表在这里追念为祖国献身者的牺牲精神。正如人们所说，这些叫作"纪念仪式"（cérémonies du souvenir），这一名称十分符合涂尔干针对宗教事实所提出的更广泛的定义，即社会性的定义。无疑，在从前，这些纪念仪式使生者和死者能够以更加日常的方式表达亲近感，仪式本身也从其所在地获得了一种独特的效用：在某些村庄中我们仍可找到古老布局的痕迹，这些痕迹可追溯到中世纪。那时，公墓围绕教堂而建，位于充满生机的社会生活中心。

事实上，市中心是充满活力的地点；在关于外省（province）城市和乡村的传统概念里（在 20 世纪上半叶，一些作家如季洛杜 [Giraudoux] 或朱尔·罗曼 [Jules Romain] 把这种概念带到文学中），对于城市和乡村而言，如第三共和国时期和当今大体上仍然呈现出来的那样，正是在市中心重新聚集了一定数量的咖啡厅、酒店和商铺。如果教堂广场和集市广场没有混合在一起的话，那么集市就会在不远处。在每周固定的时间（星期天和市集日），这个中心会"动起来"，而这是在科技主义和意志主义城市化方案推动下出现的新兴城市经常遭受的一个非难：它们没能提供一个同等的场所，即那些更古老、步伐缓慢的历史所造就的生活场所，在那里，特殊的路线彼此相交混杂，人们言语交错，孤独暂时被遗忘在教堂和市政府的入口、咖啡厅吧台和面包店门前。星期日早晨慵懒的节奏和闲谈的氛围永远是法国外省的当代现实。

这个法国可以被定义为一个整体，一连串多多少少具有重要性的中心。这些中心集中了一个幅员可大可小的区域里的行政业务、节庆与商业活动。路线的布局，即通过相当密集的国道（连接国家级重要中心）以及省道（连接各省的重要中心）网络使这些中心彼此连接的公路系统，清晰地揭示出其多中心和等级化的机制：以前，有规律地出现在路边的里程碑上已经标明了与最近的城镇以及与这条路所穿过的第一大城市的距离；如今，为适应日益密集和快速的交通，这些讯息则出现在更加易读的大型指示牌上。

　　法国的所有城镇都向往成为一个具有意义的空间的中心，或至少是一种特殊活动的中心。如果大都市里昂（Lyon）在众多的头衔中，要求得到"美食之都"的称号，那么像梯也尔（Thiers）这样的小城市可以自称"刀具之城"，一个大型市镇如迪关（Digoin）是"陶瓷之乡"，而一个大的村落，如让泽（Janzé）则是"土鸡的摇篮"。这些荣誉称号如今赫然出现在城镇的入口，旁边是它们与其他城市或欧洲一些乡村缔结友好关系的标识。这些标识某种程度上是现代性以及与欧洲经济的新型空间整合的一项证据，它们和其他标识（和其他的信息牌）共存，而后

者详细列举了当地的历史名胜：14 世纪或 15
世纪的小教堂，城堡和宫殿，巨石建筑，手
工业、花边或陶瓷的博物馆。历史的深度以
对外开放的名义被重视起来，仿佛二者就是
等同的。所有非新兴的城市和乡村都向公众
宣称要寻回它们的历史，将历史写在一连串
的指示牌上（等同于名片），展示给路过的驾
驶者。这种对历史背景的解释其实是近来才
出现的，这与空间的重组（郊区环线和城际
高速交通干线的建造）构成了一种巧合。但
与之相反地，空间的重组倾向于通过避开见
证这些历史古迹的方式，绕过这一背景。我
们可以合乎情理地解释，这些标识是为了吸
引过客和观光客驻足，但我们无法进一步说
明这种方式是如何有效的，除非将其与历史
兴趣以及过去 20 年来不可避免地标志着法式
感性的、根植于这片土地的认同关联起来。

被标记的年代可考的纪念性建筑是真实性（authenticité）的确证，理应引起人们的兴趣：差距在景观化的当下和其影射的过去之间形成，而过去的幻象使当下更为复杂。

还应补充一点，微小的历史维度总是通过街道名称的用法加诸法国的城乡空间之上。街道和广场是旧时的纪念场所。历史的冗余虽并非毫无魅力，但其作用已经终结，这时，一些古迹开始为通向它们的道路或它们坐落的广场提供名字。这已成为一种传统。所以我们不必再考虑那些站前路、剧院路或市政府路。但最常见的，城乡的交通干线会以当地乃至整个国家的显要名流，或者是国家历史上的大事件来命名。如此一来，如果为一个像巴黎这样的大都市的所有街道名称一一做出注解，相当于重写一遍从维钦托利（Vercingetorix）到戴高乐的整部法国史。常坐地铁的人和那些熟悉巴黎地下空间与对应地面建筑的地铁站名的人，日常且机械地沉浸于历史中，这一历史勾画出了巴黎行人的特征。对他们而言，阿莱西亚（Alésia）、巴士底（Bastille）或索尔费里诺（Solférino）是空间的标记，相当或更胜于历史的参照。

因此，法国的街道和路口在它们受封的名字进入历史时，逐渐变成"纪念碑"（在见证和纪念的意义上）。从未间断的历史参照使得路线、街口和古迹的概念相互交错彼此印证。这些交错在历史参照更加密集的城市中（尤其是巴黎）显得尤为明显。巴黎不是只有一个中心，在高速公路的指示牌上，它有时显现为埃菲尔铁塔的图案，有时显现为巴黎圣母院的标记，指巴黎最初的历史中心西岱岛，被塞纳河所环抱，距离埃菲尔铁塔还有好几公里。因此，巴黎有若干个中心。在行政版图上，需要注意到常在政治生活中制造麻烦的一种模糊性（这很好地反映出了其中央集权的程度）：巴黎既是一个内部划分为 20 个区的城市，又是法国的首都。很多境况下，巴黎人相信他们可以创造法国的历史，这一信念（根植于 1789 年的记忆）造成了国家权力和地方权力之间的紧张。从 1795 年至今，除了 1848 年革命时期短暂的例外，巴黎都是没有市长的，但首都却被划分为 20 个区，并相应有 20 个区政府，由塞纳省行政长官和警察局长共同管辖。市议会直到 1834 年才成立。几年前，当巴黎的地位被重新调整，雅克·希拉克（Jacques Chirac）担任巴黎市长时，一部分政治辩论开始探讨这一职位是否有助于他当选总统。没有人真正认为，对一个占法国人口六分之一的城市的治理会是他政治生涯的终点。巴黎三座宫殿（爱丽舍宫、马提尼翁府和市政府）诚然各司其职，但这种划分是值得讨论的，而且应该在其中再加入至少两座同等重要的纪念性建筑：卢森堡宫（参议院所在地）和国民议会（国会议员所在地）。它们的存在足以说明，地理隐喻使得我们能够以更为简单的方式来思考政治生活，因为它是中央集权的，且不管权力和功能如何划分，它总是想要定义或确认出一个"中心的中心"，一切从此开始并回到此处。显然，这并非一个简单的隐喻，比如某些时刻我们会怀疑权力中心是否从爱丽舍宫转移到了马提尼翁府，甚至从马提尼翁府转移到了巴黎皇家宫殿（宪法委员会所在地）。此外，人们可以自问，法国民主生活永远紧张而躁动的特质，某种程度上来说，是否取决于一种多元、民主、平衡的理想政治与一种传统的、地缘政治式的理性政府模型之间的紧张。基于前者，全世界在理论上都可以达成一致；而后者难以与理想政治共存，并不断激发法国人重新思考其根基，重新定义中心。

在地理层面，对于那些为数不多仍有时间闲逛的巴黎人而言，巴黎的中心可以是一条路线，苍蝇船（bateau-mouche）顺着塞纳河河道来回往返，人们能从这条路线上看到首都大部分历史与政治纪念建筑。但此外，还有其他中心是凭借广场、矗立着古迹的路口（戴高乐广场、协和广场）、纪念性建筑本身（巴黎歌剧院、玛德莲教堂）以及由之延伸出的道路（歌剧院大街、和平街、香榭丽舍大街）辨认的。仿佛在法国的首都，一切都应成为中心和纪念碑。这多少是当下实际的情况，但不同区的特质却因此变得模糊不清。如我们所知，每一个区都有其特色：香颂里那些对巴黎陈腔滥调的歌颂不是没有根据的。时至今日，人们一定还能详尽地描述每一个区，它们的活动、它们的"个性"（在美国人类学家使用这一词的意义上）还有它们的转变以及改变族群和社会构成的人口流动。雷奥·马莱（Léo Malet）的侦探小说经常以 14 区和 15 区为背景，唤起 20 世纪 50 年代的乡愁的同时，却并不完全与当下脱节。

尽管在巴黎工作的人很多，但人们越来越少地居住在巴黎，这一流动似乎是我们国家最普遍的变化的征兆。萦绕在我们的风景中的历史联系有可能正在被美化，同时被去社会化和人工化。诚然，我们怀着同样的心情来纪念于格·卡佩（Hugues Capet）和 1789 年大革命；我们总能从与我们共同的过去相异的关系开始，从形成这个过去的种种事件彼此对立的诠释开始，相互激烈地对抗。但是，从马尔罗（Malraux）上任起，我们的城市就变成了博物馆（古迹被粉刷、展示和用泛光灯照亮，并设有管制区域和人行道），与此同时，环路、高速公路、高铁和快速路令我们绕道而行，与之远离。

然而，绕道而行多少令人内疚——大量的指示牌告诉我们，不要忽视土地的壮丽和历史的痕迹。矛盾的是，人们在城市入口处、庞大居民区、工业区和超市枯燥无味的空间里竖立起邀请我们造访古迹的指示板；而本应吸引我们驻足的各地名胜古迹的参考信息沿着高速公路增殖，但我们只是经过。仿佛在今日，时间和旧日地点的暗示只不过是一种解读当下空间的方式而已。

从地点到非地点

当下超越过去并宣称拥有过去，而过去呈现于当下。正是在这种调和中，让·斯塔罗宾斯基（Jean Starobinski）看到了现代性的本质。关于这一点，应该注意到他最近的一篇文章。他指出，许多作为艺术现代性杰出代表的作者皆传递出"一种复调的可能性：命运、行动、思想和模糊的记忆潜在地无限交织着。这种可能性依托一种低音的模进（marche de basse），奏出世间一日之中的时辰，标记着古老仪式举行的场所（如今或许仍在此举行）"。他引用乔伊斯的《尤利西斯》前几页关于礼拜仪式的祷词"Introibo ad altare Dei（我进入上帝的祭坛）"；《追忆似水年华》的开头处，循环的时间环绕着贡布雷钟楼的钟声而行，将其节奏整理成"布尔乔亚式开阔而独特的一天"；抑或克劳德·西蒙（Claude Simon）的《历史》中，"教会学校的记忆，清晨的拉丁语祝祷，午间的餐前祈福，傍晚的三钟经成为在景观、被切割的平面以及被引用的全部秩序之中的一种标记。而这些秩序源于存在的全部时间，源于想象事物和历史的过往，并在一种显而易见的无序状态中，围绕着一个核心秘密而增殖"。"现代作者懂得表明，即使已从这些时间性的前现代样貌中解放，自己也并未将之遗忘"。这些样貌同样是雅克·勒高夫所展现的世界里的特殊空间形态。自中世纪始，这一世界开始围绕其教堂和钟楼，并通过重组的景观与时间的调和而建构起来。斯塔罗宾斯基的文章从波德莱尔《巴黎风貌》这组诗的第一首意味深长地展开。其中，现代性景观聚合在同一种激情迸发里：

> ……歌唱和闲谈的工场，
>
> 烟囱和钟楼，这些城市的桅杆
>
> 还有那让人梦想永恒的苍天。[①]

斯塔罗宾斯基用"低音的模进"来展现地点和古老的韵律非常具有深意：现代性并未消除它们，而是将其移至背景。地点和古老的韵律好似那些流逝和留存下来的时间的指示器，它们像表示并将继续表示它们的词语那样，永远存续。艺术的现代性保留了地点的所有时间性，比如那些定格在空间和言语（parole）里的时间性。

[①] 郭宏安译，桂林：广西师范大学出版社，2002年9月，第283页。

在循环的时间和热门景观的背后，我们实际上找到的是词语（mot）和语言（langage）：礼拜等古老仪式的特定词语，对应着"歌唱和闲谈"的工场；还有通过使用共同语言而承认彼此同属一个世界的人们使用的词语。地点通过词语的交流，在对话者的默契和亲密共谋中实现。因此文森特·德贡布（Vincent Descombes）在谈及普鲁斯特笔下的弗朗索瓦丝（Françoise）时写道，她与那些能够赞同她的理智的人们共享和定义了一片"修辞的"领地，其中的格言、词汇以及论辩方式共同构成了一种"宇宙观"，即《追忆似水年华》一书的叙事者所谓的"贡布雷哲学"。

　　如果一个地点是具归属感、关系性和历史性的，那么不具归属感、关系性和历史性的空间则规定了一个"非地点"（non-lieu）。

此处给出的假设是，超现代性（surmodernité）产生了非地点，也就是说，产生了本身并非人类学地点的空间。并且，它与波德莱尔式的现代性相反，并未融合那些已被编码、分类和被升级为"记忆之地"并占据一个有限而特殊的空间的古老地点。在这个世界里，人们出生在诊所，死于医院；交通中转站和临时住所以一种奢华或非人的方式扩张（连锁酒店和非法占用的住所、假日俱乐部、难民营、注定被拆除或每况愈下的贫民窟）；密集的交通网络出现，而交通工具本身也是住所；大型商场的常客、习惯于使用自动贩售机和信用卡的人与一种"无声"交易重新建立起关联。因此，注定走向孤独个体、短暂性、过渡性、朝生暮死的这个世界向人类学家也向其他人呈现出一个新客体，在反思以何种眼光去观看才可接受之前，最好去衡量一下那些全新的维度。我们要补充一点，非地点与地点一样，从未以纯粹形式存在。地点在那里重组，关系在其中重建；米歇尔·德·塞托细致分析过的"日常生活实践"里的"千禧年诡计"和"实践的艺术"可以从中开辟出一条道路并展现其策略。地点和非地点更像是难以捉摸的两极：前者从未完全消除，而后者从未被完全实现——好像在一张羊皮纸上不断重写身份与关系的拼字游戏。然而，非地点是时代的准绳，一个可被精确计量的标准。人们可以借助面积、容量和距离之间的换算来增加航线、火车线路、高速公路以及移动式座舱——所谓"交通方式"（飞机、火车、客车）的数量，还有机场、车站和航站楼，大型连锁酒店、休闲公园和大型购物中心；最后，是错综复杂的有线和无线网络，为了完成一种特殊的交流而调动起外太空的空间，这种交流使得个体接触到的不过是自己的另外一个形象。

地点和非地点的区别衍生自地点与空间的对立。米歇尔·德·塞托针对地点和空间概念的分析，在此处便构成了一个必要前提。他并未将"地点"与"空间"像"地点"与"非地点"那样对立起来。对他而言，空间是一个"被实践之地""一个运动体的相交处"：城市规划在几何学意义上定义了一些街道，而行人将其转变为"空间"。将地点视为一些元素依照顺序得以共存的集合体，而将空间视为通过运动体的移动而实现的地点的演示，这种平行对照与一些具体剖析其状态的参考相吻合。第一个参考（p.173）来源于梅洛－庞蒂，他在其《知觉现象学》（*Phénoménologie de la perception*）中将"人类学空间"从"几何学"空间中区分出来，将其视为"存在的"

空间，这是由本质上"与某环境有所关联"的存在所构成的一个经验与关系的空间。第二个参考关于言语和惯用语的使用，"空间之于地点，如同词语被说出来后的变化。也就是说，当它在一种实现（effectuation）的模糊性中被把握时，就蜕变成展示出多重惯例的一个术语，被安置得像一个当下行动（或某一时刻的行动），被一连串临近事物的转变所塑造……"（p.173）。第三个参考源于第二个，强调叙事（récit）是一件吃力的事，需要马不停蹄地"将地点转变为空间，或者将空间转变为地点"（p.174）。自然而然随之而来的便是"实践"（faire）与"观看"（voir）之间的区别，这表现在轮流描述一幅景象（"那儿有一个……"）和安排某种活动（"你进来、你穿过、你转身……"）等日常言语的交替里，以及地图的标记中——从主要包含旅途的路线和轨迹的中世纪地图，到最近已不包含路线描述性信息的地图，后者通过"来源相异的要素"来呈现一张地理知识的"一览表"（état）。毕竟，叙事，尤其是旅途的叙事，是由"实践"和"观看"的双重必要性构成的（"行走和姿态的故事都建立在对地点的引用上，这些地点产生这些故事或准许它们发生"，p.177）。然而归根结底，叙事附属于塞托所谓的"犯罪"（délinquance），因为它"穿越"、"违反"并接受"行程在一览表上的特权"（p.190）。

在这一点上做几处术语方面的说明是必要的。我们在此定义的地点，不完全是塞托拿来与空间相对立的那个地点——如几何形象与运动的对立、未说出口的词语与说出的词语的对立，或是一览表与行程的对立——而是具有意义、被象征化了的人类学地点。

当然，最好这个意义能够实现，地点能活跃起来，行程能付诸实践，没有什么能够限制我们用空间这个概念来描述这一运动。然而这并非我们的意图：我们在人类学地点的概念中，囊括了在其中完成的行程、发生的对话以及那些形塑了这一地点的言语。至于空间的概念，就其今天的用法而言（为了讨论太空征服，人们会用更功能性而非抒情性的术语；为了在关于旅游行业刻板的语言中最好地，或至少最不坏地指称那些尚未或难以命名的地点，人们使用"休闲空间""娱乐空间"等说法，它更接近"会面地点"的含义），由于缺乏特征，它似乎能够有效地应用于地球上那些未被象征化的范围。

现在我们可以尝试将地点的象征化空间与非地点的非象征化空间对立起来。但这样就必须维持到目前为止我们对非地点做出的负面定义，而米歇尔·德·塞托对空间概念的分析或许能够帮我们摆脱这一困境。

"空间"这一术语本身就比"地点"更为抽象，后者的使用至少指涉了一个事件（已发生），一个传说（据说已发生）或者一段历史（圣地）。空间则无差别地应用于范围、两件事物或两点间的距离（在篱笆的每两根竹竿之间留出两米的"空间"）以及时间尺度上（"在一周当中"）。因此，这个概念是极其抽象的，如今它被系统性地应用在日常用语和可以代表当今时代制度的一些特定言语中，虽差异不大，但却具有重要的意义。《拉鲁斯图解大词典》（*Le Grand Larousse illustré*）单独提出"空域"（espace aérien）这一表达，它指称大气层中的一部分，国家对其中的航空交通有管控权（但这一表达不如与之对应的海域那样具体：领水 /les eaux territoriales），词典还引用了其他用法来表明空间一词的延展性。在"欧洲司法空间"这一表述中，我们可以清楚地看到其中的边界概念，但这一边界概念的抽象化与制度和规范的整体有关，难以诉诸地理定位。"广告版面"一词泛指"为各种媒体广告预留的"一段范围或时间，而"版面购买"指所有"在广告空间中通过广告中介实现的操作"。"空间"一词的流行，同样适用于表演厅和会场（巴黎的"皮尔·卡丹空间"/Espace Cardin、拉加西利的"伊夫·黎雪空间"/Espace Yves Rocher）、公园（"绿色空间"）、飞机座椅（Espace 2000）或汽车（雷诺 Espace），它彰显出当代无法回避的那些议题（广告、影像、休闲、自由、移动），也印证了吞噬着、威胁着这些议题的抽象化，仿佛当代空间的消费者一开始就被邀请加入一个只说空话的文字游戏中。

米歇尔·德·塞托写道，实践空间，就是"重复儿时狂喜而无声的经验：在地点里成为他者并走到另一边去"（p.164）。儿时狂喜而无声的经验，是第一次旅行、出生的经验，如同做出区分的原初经验，我们辨认出作为自身的自身，也认识到自身同时是一个他者。走路是对空间的首次实践，而照镜子是对自我形象的首次辨认，儿时的经验经由它们不断重演。所有的叙事都回到童年时期。通过援引"空间叙事"这一表述，塞托希望同时谈及"穿越"并"组织"着地点的叙事（"所有叙事都是一种旅行叙事……"，p.171），和构成叙事之书写的地点（"……阅读是地点中的实践所生产出来的空间，而地点由一个符号系统——一个叙事——所构建"，p.173）。但是，书在被阅读之前已经写就；在构建一个地点之前已经过了不同的地点：就像旅行，一种谈论着旅行的叙事跨越了若干地点。这种地点的多元性，它加诸目光和描述（怎样遍观一切？怎样道尽一切？）之上的过量，以及由此导致的"不自在"（dépaysement）（我们过后会克服它的，例如在观看某一张照片时我们评论道："给，你看，在帕特农神庙脚下的就是我"，但在当时，我们只会感到讶异："我来这里做什么？"），它在游人—观者和他所经过、观看的风景之间造成了一种断裂。这一断裂导致游人无法将这里看作一个地点，无法完全身临其境，即使他尝试用旅游手册的建议或旅行文学中繁复详尽的信息来填补这一空洞。

当米歇尔·德·塞托谈论"非地点"时，他其实是为了影射地点的某种负面特质，地点被赋予名称，而名称导致地点自身的缺席。他说道，专属名称加诸地点"一种来自于他者（一段历史……）的命令"。的确，那些循路线而行并说着路线名称的人，未必对其有很深的了解。但仅是这些名称本身便足以在地点中产生"他者法则形成的腐蚀或非地点"吗（p.159）？米歇尔·德·塞托进一步说，所有的路线都在某种程度上被那些赋予他们"到此为止无法预见的意义（或方向）"的名称给"改变"了。他补充道，"这些名称在地点中创造出非地点；它们将地点变成通道"（p.156）。反过来我们可以说，"路过"这一行为赋予地点名称的特殊地位，使视线消失、由他者法则造成的缺陷，这些是所有旅行的境域（地点的增加、地点的否定）。而根据定义，"改变轮廓"并穿过地点的运动是路线的创造者，也就是说，是词语和非地点的创造者。

　　空间作为对地点却不限于特定地点的实

践，源于一种双重移动的效应：当然，一个是游人的移动；但相对应的，还有游人只能把握其部分景观的风景的移动，一个个"快速镜头"（instantané）被杂乱无章地放入记忆之中，再完全被他的叙事重组，或像放映一连串幻灯片那样，在他回来后对周围亲友的叙述中重组。旅行（民族学家对这个词已经心怀戒备甚至"憎恶"）在视线和风景之间建构了一种虚拟的联系。并且，如果我们用"空间"这个词来描述频繁往返于不同地点，频繁往返特指旅行的话，仍需补充一点：还存在一些空间，个体自认为是观看者，却不真正关心景观的特质。仿佛观看者的位置构成了景观的本质，又仿佛，归根结底，处于观看者位置上的观看者自身就是景观。旅游手册确实造成了这种迂回，这种视线的折返。它们提前向旅游爱好者提供一种好奇或沉思、单独或集聚的脸孔形象，这些脸孔形象凝视着一望无际的大海、被积雪覆盖的绵延山脉或矗立着摩天大楼的城市逐渐消失的地平线：简而言之，这是他的形象，他预先的形象，这种形象虽然只谈论他自己，却有着另外一个名字（塔希提、阿尔普迪埃、纽约）。游人的空间因此是**非地点**的原型。

移动，在世界的共存之上，在结合了人类学地点和不再是人类学地点的经验（斯塔罗宾斯基用它来定义现代性的实质）之上，加入了一种孤独的，或准确而言，一种"位置的获得"式的特殊经验——在应该被沉思的、不能不被沉思的景色前"摆姿势"，并从这种姿态中发现罕见的，时而是伤感的乐趣。因此，我们在过去一个世纪中孤独的"游人"——不是职业旅行者或学者，而是心血来潮、借故或随机出行的人——身上发现空间预言式的再现就并不稀奇了。在这种空间里，认同、关系或历史都无法构成真实的意义，孤独被体验为对个体性的超越或者掏空，只有形象的移动留待观看者不时瞥见，逃避着昔日的推断和未来的可能。

相较满足于旅行的邀请的波德莱尔，我们在这里更多关注夏多布里昂（Chateaubriand），他的确没有停止过旅行，并且懂得去观看，尤其是观看文明的消亡、景色的崩坏或坍塌古迹令人失望的残垣断壁。消逝的斯巴达、被一个完全无视其旧日辉煌的入侵者所占领的衰败的古希腊，将逝去的历史与过往生活的形象同时传达给"路过"的游人。然而，正是旅行这种移动在吸引和鼓动着他们。这种移动的终点只是移动本身——要不就是反复叙述并定格其形象的书写。

这一切在《巴黎到耶路撒冷纪行》的初

版序言中已说得很清楚。夏多布里昂在其中否认自己旅行是"为了写作",但承认他想要以此寻找《殉道者》一书的"一些形象"。他并不故作高深:"我无意追随夏尔丹、塔韦尼耶、钱德勒、蒙戈·帕克和洪堡等人的足迹……"(p.19)因而这部无特定目的的作品回应了一种矛盾的需要:仅谈论作者,却不对任何人说任何有关他的话。"除此之外,我们在书中随处可见的是远超过作者的'人'本身;我永远谈论自己,且放心地谈论着,因为我并不打算出版我的回忆录。"(p.20)造访者偏爱的那些观景点,同时也是作家进行描述的观景点,一系列著名景点从其中脱颖而出("……东边的伊梅特山、北边的潘德里克和西北边的帕尼萨山……"),但凝视通过回到自身、将自身看作客体,似乎在未知的旧时视线和未来目光的大量聚集中消逝了,也正是此时，凝视被意味深长地完成。"这片阿提卡（Attique）的景象，这个我所凝视的场面，已被闭合了两千年的那些眼睛所注视过。现在死亡降临到我头上了：那些生命和我一样短暂的人将要面对同一片废墟，发出同样的沉思……"（p.153）理想的观景点是驶远的船只甲板，因其在距离中加入了移动的效果。消失的陆地的召唤足以激起还想再瞧上它一眼的行人的想望：很快，陆地就变成了一块阴影、一阵喧哗、一团噪声。地点的消失也是旅途的完成，是游人的终极姿态——"随着我们离岸边越来越远，苏尼翁角的石柱在波涛上显得极为壮美：其洁白无瑕和夜晚的静谧使得人们能够在湛蓝天空下清楚地望见它们。我们已经离海角足够远了，但耳中还萦绕着滚滚波涛拍打岩石的声音、海风在刺柏林间的絮语和只栖居在神庙废墟

里的蟋蟀的鸣唱：这是我在希腊这片土地上
听到的最后声响"（p.190）。

　　尽管他如是说（"我或许是最后一个怀有
旧日朝圣者的思想、目标和情感而离开故土、
游历圣地的法国人"，p.331），夏多布里昂仍
没有完成朝圣。朝圣通往的圣地本质上就是
意义超载的。人们来此追寻的意义对于昔时、
今日和每个朝圣者而言都是相同的。通向圣
地的路线上标满了中途站和景点，路线和圣
地一起组成一个"意义独特"的地点，一个
米歇尔·德·塞托意义上的"空间"。阿方
斯·迪普龙（Alphonse Dupront）指出，越洋
航行本身便具有启蒙的价值，"因此，在朝圣
路上，一旦越洋航行成为必要，便会产生一
种不连续性和英雄主义的平庸化。陆地和水
域在人们认识中的地位极为不平等，尤其是，
随着海上的航行，水的奥秘会带来一种断裂。

在显而易见的表象之下，隐藏着一个更为深刻的事实，它似乎在 12 世纪初曾被一些教士所直觉到：成年礼通过海上的行进得以完成"。

夏多布里昂则是另外一回事。他旅程的终极目标不是耶路撒冷，而是西班牙，他将在那里与他的情人会合（但《纪行》一书并非他的忏悔：夏多布里昂缄口不言且"维持姿态"）；而且，那些圣地无法激发他的灵感。人们对圣地的书写已经够多了，"……我在此体验到困惑。我应该详尽地描绘出圣地的样貌吗？但我只能重复前人的话：现代读者对这个主题的熟悉程度或许从未减少，然而，这个主题却从来不曾获得更极致的发挥。我应该忽略这些圣地的图景吗？但如此一来，岂非去除了作为旅途之终点和目标的最根本部分？"（p.308）。此外，毫无疑问地，在这些地方，他想成为的那个基督教徒也无法像在阿提卡或斯巴达那样，如此轻率地颂赞一切事物的消逝。因此，他专心书写，展示他渊博的学识，整页地引用游人或诗人，如弥尔顿或塔索的语句。他迂回闪避，而正是在这里，其动词和文献的丰富性使我们可以把夏多布里昂笔下的圣地定义为一个非地点，非常接近旅游手册和指南中呈现出的形象。如果我们回想一下对于现代性的分析，即现代性是两种不同的世界想要达成的共存（波德莱尔式的现代性），我们就会看到，一种使自身得以重返自身的非地点经验，作为与观众和景观的同时疏远，在现代性中并非总是缺席。斯塔罗宾斯基在他对《巴黎风貌》第一首诗的评论中强调，烟囱和钟楼混合的现代城市是基于两个世界的共存而建立的，但他也看到了诗人的特殊定位。简而言之，诗人从高处和远处观看既不属于宗教，也不属于劳动的世界。对于斯塔罗宾斯基而言，这一定位与现代性的两面相符，"一方面是在众人中消失的主体——或相反地，是个体意识所要求的绝对权力"。

但我们还可以指出，诗人观看的位置本身就是景观。在这幅《巴黎风貌》中，处于首要位置的是波德莱尔自己。从他的位置上，他看到城市，也看到远处的另一个自己，他从而成为"第二视角"的客体。

> 两手托着下巴，从我的顶楼上，
>
> 我眺望着歌唱和闲谈的工场，
>
> 烟囱和钟楼……

因此波德莱尔并不仅仅是在呈现古老宗教和新型工业的共存，或个体意识的绝对权力，而是一种形式特殊且极为现代的孤独。

一个位置、一个姿势、一种态度的彰显，就其最为物理、最普通的解释而言，发生在一个动作终止时：这一动作清除了风景的所有内容与意义，清除了用于观看客体的视线；因为严格来说，这视线在风景之中形成，且变成了不可确定的第二视线的客体——既是同一个，又是另一个。

在我看来，只有通过视线的转移、形象的游戏、意识的清除才能够导向所谓"超现代性"的最具特色的表达，不过这次是以系统、概括而平常的方式。事实上，超现代性赋予个体意识崭新的孤独体悟与考验，这与非地点的出现和增殖直接有关。但在检验超现代性的非地点之前，影射性地揭示出艺术现代性中公认的典型与地方和空间的概念所维持的关系，无疑是有用的。我们知道，本雅明（Benjamin）对巴黎"拱廊街"（Passage）

的兴趣，更概括地讲，对钢铁与玻璃建筑的一部分兴趣在于，他可以在其中看出一种预告未来世纪建筑样貌的意志，一个幻梦或一种期待。相应地，我们可以反问，是否昨日现代性的典型，即由世界的具体空间供给其反思素材的那些事物，并未提前揭示出当今超现代性的某些面向？这些预先的启示并非幸运直觉的偶发，而是因为它们已经以特例的名义（艺术家的名义）体现出种种状态（种种处境和姿态），这些状态以最平凡的方式变成了我们的共同命运。

可以清楚地看到，通过"非地点"，我们提出了两个互补而相异的现实：因某些目的（交通、中转、商业、休闲）而被建构的空间，以及个体与这些空间的关系。即使这两种关系有相当广泛且正式的重叠（个体旅行、购物、休憩），它们也不会彼此混同，因为非地点整个地中介化了人与自身的关系和人与他者的关系，而他者只是间接地与其目的发生关联。正如人类学地点创造了有机社会，非地点创造了孤独的契约性（contractualité solitaire）。如何想象以鲁瓦西机场等待室为对象的涂尔干式分析呢？

在非地点空间中，在个体与其周围建立起联系的中介是通过词语甚至文本实现的。首先，我们知道词语可以建构形象或者说多重形象：在读到或听到塔希提或马拉喀什的名字时，每一个从未到那里的人都可以恣意想象。一些电视竞赛节目因为奖金丰厚而名声大噪，特别是在旅行与住宿方面（"摩洛哥三星酒店双人七日游""佛罗里达食宿全包半月行"），因为对其的想象使未能也永远不会享受奖品的那些观众感到愉悦。某家法国周刊引以为傲的"词语的重量"这一标题（他们又加入了"照片的震撼"这一表述），并不仅限于那些专属名称；在某些背景下，很多常见名词（居留、旅行、大海、阳光、游轮之旅）偶尔也拥有相同的鼓吹力量。相反地，我们可以想象，较不具异国风情，甚至是剥离任何距离感的词语——如美国、欧洲、西方、消费、流通等——曾经形成或可能发挥的影响力。某些地点仅仅依靠那些形容它的词语而存在，在这个意义上，非地点毋宁说是想象之地，一种平庸的乌托邦和陈词滥调。它们与米歇尔·德·塞托所说的非地点，即口耳相传之地相反（我们几乎永远不知道是谁在谈论这些地方、谈论了什么）。在此，词语没有在日常运作与失落的神话之间画出鸿沟：它创造影像、制造神话的同时使之运作（电视观众依然忠实地收看电视节目，阿尔巴尼亚人一面在意大利露营，一面遥想着美国，旅游业蓬勃发展)。

然而，超现代性中真实的非地点，比如我们在高速公路上疾驰、在超市购物或在机场等待下一班往伦敦或马赛的飞机时所指的这些非地点，其特殊之处在于，它们也通过呈现给我们的词语或文本进行自我定义：简而言之，它们的使用方法通过规定（"沿右侧道路行驶"）、禁止（"禁止吸烟"）或提示（"您已进入博若莱"）的方式表达出来，有时借助于多少具有解释性和系统性的表意符号（比如那些道路或旅游指南上的标识），有时则借助于自然语言。空间中的运行条件得以建立，个体只能与文本互动，不存在其他阐述者——只有"道德实体"或机构（机场、航空公司、交通部、商业公司、公路警察、市政机关）。在作为当代风景一部分的不可计数的"载体"（看板、屏幕、海报）所呈现的指令、建议、评论、"消息"背后，可以隐约猜测到或更为清晰地确认这些"道德实体"或机构的在场（"这段道路由省政府拨款"，"国家致力于改善您的生活条件"）。

法国的高速公路设计得非常巧妙，它们展示出的景色，有时几乎像是一幅鸟瞰图，这与那些国道和省道上的游人所见的景象大相径庭。通过高速公路，我们从描写细腻情感的电影场景中被一下传送到西部片的壮阔景象里。然而，是散布在旅途中的文本通过阐释风景隐秘的美丽而道出了风景本身。我们不再穿越城市，而是穿越那些被标注在看板上、附有详细说明的著名景点。此时，游人在一定程度上可以免于停留甚至是观看。于是，法国南部的高速公路上的游人被建议留意这个有防御工事的13世纪村庄，或那个位于韦兹莱——"永恒的山丘"——

的闻名遐迩的葡萄酒种植区，还有阿瓦隆
（Avallonnais）或塞尚（Cézanne）笔下的风光
（从文化回到隐秘却始终被讨论的自然本身）。
风景与我们保持着距离，其建筑或自然的细
节是文本发挥作用的所在，有时附有一张示
意图——当路过的游人并不能真正看到那些
吸引着他们注意力的著名景点，从而被迫只
能从对周遭环境的了解中获得乐趣。

高速公路的路线因此加倍引人注目：基
于操作层面上的必要性，它避开了所有临近
的旅游胜地，但同时为它们做出注解。服务
区则加强了这一点，变得越发具有地区文化
中心的气质，推介一些歇脚者或许用得上的
地方特产、地图和旅行指南。但确切地讲，
大部分路过的人都不会停下来。他们或许每
年夏天，甚至一年好几次会从此经过，他们
经常会被引导去"阅读"而非"观看"这些

抽象空间，长期下来，这些空间对他们而言变得异常熟悉——如同更富有的那些人熟悉曼谷机场的兰花摊贩或鲁瓦西机场一号航站楼的免税店一样。

在 30 多年前的法国，国道、省道、铁路曾深入日常生活。就这个角度而言，公路和铁路的路线截然不同，如同正面与反面。对于那些在今天仍然坚持走省道、搭乘火车而非高铁，甚至是区间线路（只要仍然存在）的人，这种对立仍然部分存在。因为值得注意的是，消失的都是**地方的**交通服务和涉及地方权益的路线。如今经常被迫绕过城镇的省道，从前都是城市或乡村道路，路两旁排列着房子的门面。晚七点到早八点间，游人开车穿越的，是一片大门紧闭的"沙漠"（百叶窗闭合着，光线或穿过遮光帘洒进来，或不见踪影，卧室和客厅通常位于房屋深处）：

他见证了法国人喜欢赋予自身、喜欢给邻居留下的一本正经的严肃形象。路过的驾驶者在城市中观察到的事物，如今变成了路线上的名称（贝尔纳堡 /La Ferté-Bernard、诺让勒罗特鲁 /Nogent-le-Rotrou）。那些他利用红灯或减速的时段才能解读的文本（城中商铺招牌、市政法令）的目标受众并不是他。火车在这方面而言更加冒失，现在仍然如此。铁路通常穿过村镇房屋的后方，惊扰到外省人，打破了他们日常生活的私密性，它不经过房屋的正面，而是有花园、厨房、卧室，在夜晚有灯光的一面。因此，如果没有公共照明，街道便成为夜晚里的昏暗区域。而不久前，火车的速度还没有快到可以阻止好奇的游人辨认出路过车站的站名——但当今高铁的出现使其变为不可能，好像对于当今的旅客而言，一些文本已经"作废"了。我们也提供给游人其他的选择：在有点像"飞机式火车"的高铁上，他可以翻阅类似于航空公司提供给旅客的杂志；通过报道、照片和广告，它提醒着游人依循世界的标准（或形象）生活的必要。

另一个文本侵入空间的例子：顾客无声地穿梭在大型购物中心里，查看价签，在可以显示重量、价格的机器上称量蔬菜或水果，接着将信用卡递给一个同样沉默或话并不多的年轻女收银员，她在确认信用卡有效之前扫描每件商品的条码。更直接却更沉默的对话是持有信用卡的人和自动取款机之间的对话，他将卡插入后，屏幕上显示出的通常是正面讯息，但偶尔也会有明确的提示指令（"卡片未正确插入""请取出卡片""请仔细阅读说明"）。道路上、商业中心或街角的先进银行系统的先进设备里发出的招呼，无差别地同时针对着我们所有人（"谢谢光临""旅途愉快""感谢您的信赖"），无论这个人是谁：这些招呼建构了一个"普通人"(l'homme moyen)，他被定义为公路、商场或银行系统的使用者。他被建构，必要时也被个体化：在某些道路或高速公路上，发光的看板上突然出现的警示语（110！ 110！）提醒着超速的人；在巴黎的某些路口，闯红灯会被自动记录，违规车辆可以通过照片被辨认。所有信用卡都有认证密码，以便使自动取款机提供信息的同时申明游戏规则："您可以提取600法郎。"当彼此的身份通过语言的默契、风景的标记、未成惯例的生存之道造就出"人类学地点"时，非地点创造了旅客、顾客或周日驾驶者的共享身份（identité partagée）。无疑，附着在这种临时身份上的相对匿名性对于某些人而言甚至是一种自由，这些人一时间不再守在原有的阶序、位置上，不再留意他们的外表。免税店：才刚出示个人身份（护照或身份证），下一个航班的旅客就涌进"免税"的区域。他从行李的负重和日常生活的负担里解脱出来，与其说是想要享受最优价格，不如说是为了证明此刻他无拘无束，以及身为即将登机的旅客不容置疑的资格。

独自一人却与他人相似，非地点的使用者与非地点（或与掌管它的权力）之间存在契约关系。有机会的时候（非地点的使用方式是因素之一），这一契约的存在就会提醒他：他买的票、经过收费站时应当出示的银行卡或在超市过道上推的手推车，这些或多或少都是标记。契约总是与签约者的个人身份有关。为了进入机场候机大厅，应首先到值机柜台出示机票（上面登记着旅客姓名）；在安检时同时出示登机牌和身份证明便是契约得到遵守的证据。在这一点上（身份证、护照及签证），不同国家有不同的要求，而起飞之际，我们确认一切已完备无虞。因而，旅客在提供身份证明、某种程度上是签署了契约之后才取得了自己的匿名性。如果超市的顾客用支票或信用卡付款，也要提供自己的身份，高速公路的使用者亦是如此。在某种意义上，非地点的使用者总是必须证明自己的清白。**事前**或**事后**对身份和契约的查验将现代消费空间置于非地点的特征之下：只有无罪的人才能进入（"无罪"则"诉讼驳回"/non-lieu①）。词语在此几乎没有什么运作空间了，没有身份查验就没有个体化（没有匿名的权利）。

当然，清白的标准即是个体身份约定俗成且正式的标准（标示在身份证上的、登记

---

① non-lieu 这一表达方式在法语中可指司法意义上的"无罪"或"诉讼驳回"。

在神秘档案中的）。但清白本身则是另外一回事：非地点的空间使沉浸其中的人从习惯的规定性中解放出来。他不过如同旅客、顾客、司机那样行动或经历着。或许他仍被前一天晚上的担忧所困扰，已经在为后天忧心，但他当时所处的环境使他暂时从中抽离。他属于一种温柔的占有，他或多或少有天赋和信心让自己沉浸在这种占有里，如同任何一个着迷者那样，他暂时品尝着去身份化的被动乐趣和角色扮演更为主动的愉悦。

他最终所面对的是自身的形象，但事实上却是个完全陌生的形象。他继续着与风景和文本无言的对话，这对话指向他，也指向其他人。在对话中，唯一浮现的面孔和唯一具体化的声音，是他自身的——一种孤独的面孔与声音，这孤独由于呼应了成千上万的其他人的孤独而显得难以应付。非地点的旅客只能在海关安检、收费站或登记柜台重新获得他的身份。在等待时，他遵循和其他人相同的规则，登记相同的信息，回应相同的请求。非地点的空间所创造的既不是特殊身份，也不是关系，而是孤独和相似性。

它不会给历史留出空间，如有需要，历史会被转变成风景的要素，也就是说，变成暗示性的文本，当下的现实性和紧迫性占据支配地位。作为被经过之处的非地点，是以时间单位来衡量的。路线不能缺少时间表，不能缺少在可能的延误情况下必要的抵达或出发信息板，它们存在于当下。行程的即时状态已经具体化为远程飞行中屏幕上的信息，上面标有每分钟的飞行进度。根据需要，机长用稍显多余的方式向乘客解释："在飞机的右边，您可以看到里斯本城。"人们其实什么也看不见。事实上，再一次地，景观只不过是一个概念和词语而已。高速公路上发光的看板显示着当下的温度和有助于空间实践的信息："A3高速公路上有两公里拥堵。"新闻时事以广义的方式被呈现：在飞机上，报纸被读了又读；许多航空公司甚至确保有电视新闻的重播。大多数汽车装配有车载广播；广播在收费站或超市中以不间断的方式连续播放；旅客被迫去听一再重复的当日新闻、广告、几则最新消息。总体情况就是如此，仿佛空间被时间逮住，仿佛除了当日或前天晚上的新闻再无其他故事可讲，仿佛个体的每段故事都要从取之不尽的当下历史的库存中找到其主题、词语和形象。

在与商业、交通或销售机构过量散布的形象的纠缠中，非地点的旅客经验到永恒的当下，并与自我相遇。相遇、认同、形象：在金发空乘关切的眼神下，似乎品味着难以言喻的幸福的这位40多岁的绅士，是他；在不知名的非洲机场跑道上启动涡轮增压柴油发动机的目光坚定的飞行员，是他；因为使用野性的香氛而使旁边女人爱慕地凝视着他的这个面庞充满男性气概的人，还是他。如果这些身份认同的邀请本质上是男性化的，那是因为它们所传达的"理想的我"的形象是男性化的。当今，一个职业女性或值得信赖的女司机也被视为拥有这些"男性的"特质。当调性自然而然地改变，形象亦然。不那么有名的非地点如超市，其光顾者大部分是女性。性别平等（甚至，到最后是差别的消失）的主题以一种对称且相反的方式被谈及：我们常在一些"女性"杂志上读到，新手爸爸们对维持家务和打扮婴儿感兴趣。但我们也能在超市中察觉到当代权威——媒体、名流和时事所制造的传闻。因为总而言之，最重要的仍然是所谓广告装置的"交叉参与"
（participation croisée）。

　私人广播为大卖场做广告，大卖场本身
也为私人广播做宣传；旅行社提供赴美旅游
服务，而广播向我们提供讯息；航空公司的
杂志印有酒店的广告，而酒店反之也为航空
公司宣传造势——有趣的是，所有的空间消
费者都处于一种宇宙观的回响与形象中，与
传统上民族学家的研究发现不同，这种宇宙
观既具客观普遍性，又亲切而充满魅力。这
至少造成两个结果。一方面，这些形象倾向
于构成一个系统，它们描绘了一个所有人都
可以视为己有的消费世界，因为他不断地被
招呼着。自恋的诱惑在此显得更具吸引力，
因为它似乎表达了一种普遍法则：做和其他
人一样的事以便成为自己。另一方面，如同
所有宇宙观，这个全新的宇宙观产生认同效

应。非地点的悖论在于：迷失的异乡人只有在高速公路、服务区、大卖场和连锁酒店的匿名性中才能发现和认识自己。汽油品牌的广告板对他而言是一个可靠的标记，在超市货架上找到跨国公司生产的卫生、家居用品或食品，令他倍感宽慰。相反，东欧国家仍然保持某种异国情调，因为它们还未完全与消费的世界空间接轨。

* * *

当今世界的具体现实中，地点和空间，地点和非地点混合重叠、彼此渗透。非地点的可能性在任何地点都未曾消失。回到地点，是那些时常出入于非地点的人（他们还梦想着，比如拥有与土地有深层关联的第二个家）的依靠。地点和非地点彼此对立（或彼此召唤），如同能够描述它们的词语和概念。但在

30 年前没有立足之地的流行用语，都是如今非地点的产物。因此我们可以对比**转运**（临时难民营或临时转运旅客）的现实和居住或定居的现实，对比立交桥（人们不会彼此交错）与路口（人们会相遇），旅客（有确定的目的地）与游人（在路上闲逛）。值得注意的是，对于 SNCF（法国国营铁路公司）而言是游人的乘客，在乘坐 TGV（高速铁路）时则变为旅客。集合住宅区（ensemble，根据《拉鲁斯词典》的定义，是"新型住宅群"）里，人们并不生活在一起（ensemble），它也从不位于任何中心（大型集合住宅区是所谓郊区的标志）。我们于是还可以对比这种集合住宅区与人们举行分享和纪念仪式的纪念性建筑，对比沟通（其规则、形象、策略）和言语（被说出的东西）。

  词汇在此是至关重要的，因为它编织着

习惯的"经纬",训练目光,赋予风景以形式。让我们暂时回到文森特·德贡布对"修辞之国"这一概念的定义。他从对贡布雷"哲学"或者说是"宇宙观"的分析开始:"何处角色才会觉得自己自在?这个问题无关地理意义上的领地,指的是修辞意义上的领地(采用'修辞'一词的经典含义,通过如辩护、控告、歌颂、审查、推荐、警戒等'修辞行为'来定义)。当人物对与之共享生活的人们使用的修辞感到自在时,他才是自在的。某人自在的标志,是他无须费力便能让自己被理解,与此同时,他不需要多余的解释,就能够成功理解对方的用意。而当对方不再理解他对其所作所为给出的理由,以及他明确表示出的不满和赞美时,他的修辞之国就到此为止了。修辞性沟通的障碍制造出界线的过渡,当然,它应当被呈现为一个

交界地带，一个边境区（marche），而非一条
清晰的界线。"（p.179）

如果德贡布是对的，那我们应该得出以
下结论：在超现代性的世界中，人们始终在、
同时却从未"在自己家"。他所讨论的交界地
带或"边境区"再也不会被完全陌生的世界
所接纳。超现代性（同时拥有三种过量的形
象：事件过剩、空间过量和参照的个体化）
在非地点中自然而然地找到其整全的表达。
人们试图在不同地点中建构一部分日常生活，
而根植于地点的词语和形象通过非地点传达。
非地点将其词语借给土地，比如我们在高速
公路上看到的"休息区"（aires de repos），"区
域"（aire）这一术语其实是最为中性的，距
离地点和"口耳相传之地"最远——休息区
有时会参照附近区域特殊或神秘的属性来命
名：猫头鹰区、狼穴区、斜谷 - 风暴区、炸

丸子区……我们生活在这样一个世界中：传统上民族学家所谓的"文化接触"（contact culturel）变成了一个普遍现象。关于"此地"（ici）的民族学面临的第一个困难在于它总是要与"别处"（ailleurs）打交道，而这个"别处"又不足以被建构为一个独立可区分的（有异域情调的）客体。语言见证了这些多重的融合。如此看来，通信科技与市场营销领域对"*Basic English*"的借用极具启发性：它所标志的不是某一语言相对其他语言的胜利，而是一种全球通用词汇对每一种语言的入侵。重要的是对这种普遍词汇的需求本身，而不在于它使用的是英语这一事实。语言的衰退（就口语的一般实践而言，即语义和句法能力的下降）应更多归咎于这种普遍化，而非一种语言对另一种语言的污染和破坏。

我们清楚地看到，从斯塔罗宾斯基透过

波德莱尔所定义的现代性中区分出超现代性
的是什么。超现代性并非整个同时代性。相
反地，在波德莱尔式风景的现代性中，一
切事物相互混合、彼此支撑：钟楼和烟囱是
"城市的桅杆"。现代性的观众所注视的，是
古今鳞次栉比的交叠。超现代性将过去（历
史）变成一出特殊的戏剧——仿佛包含所有
的异域情调和地方主义。历史和异域情调扮
演同样的角色：书面文本的引文——其地位
完美地展现在旅行社编辑的目录里。在超现
代性的非地点中，永远有个特殊位置（在橱
窗里、海报上、机器右侧、高速公路的左边）
是留给"珍品名胜"（curiosité）的——科特
迪瓦的凤梨、威尼斯（总督之城）、丹吉尔城
堡、阿莱西亚遗址。但它们不做任何综合，
也不融入什么东西，只在一段旅程的时间里，
允许单独个体性并存，彼此相似、漠不关心。

如果非地点是超现代性的空间，超现代性则无法装作与现代性有同样的野心。一旦个体开始彼此靠近，他们便组成社会、改造地点。非地点的空间则是一种逆向操作：它只与个体（顾客、旅客、用户、听众）打交道，但他们仅仅在入口和出口才被确认身份、被社会化、被定位（姓名、职业、出生地、地址）。假如非地点是超现代性的空间，它就应解释这一悖论：社会游戏似乎在别处进行，而非在同时代性的前哨。非地点用一个巨大"括号"每天接纳着更多的个体，它们也成为人们保护或征服土地的激情所针对的特殊区域，甚至被恐怖分子盯上。若机场和飞机、商场和火车站总是成为袭击的优先目标（更不用说汽车炸弹），这无疑因为"效率"——如果可以用这个词来说的话。多少有点含混的是，这还可能是因为，追求全新的社会化和地方化的人们只能在非地点中看到理想的湮灭。非地点是乌托邦的反面：它存在，但不为任何有机社会提供庇护。

在此，我们重新回到了上文曾粗略提及的政治问题。在一篇讨论城市的文章中[①]，西尔维亚娜·阿加辛斯基（Sylviane Agacinski）提到阿纳卡西斯·克洛茨（Anacharsis Cloots）的理想与要求。他反对一切内化的权力，要求处死国王。所有权力的地方化、所有单一主权，甚至是将人类划分为民族，在他看来都与整个人类种群不可分割的主权相违背。从这一视角看，首都巴黎只在人们赋予"连根拔起的、去领土化的思维"以特权时，才是个特权之地。"这种抽象、普遍，且不单单是布尔乔亚式的人性的所在地的矛盾，"阿加

---

① 作者注："La ville inquiète"，*Le Temps de la réflexion*, 1987.

辛斯基这样写道，"在于它还是一个非地点，一个乌有之地，有点类似米歇尔·福柯所谓的，不包含城市的'异托邦'。"(pp.204-205)显而易见，全球思维与领土思维之间的紧张如今在世界范围内出现。在此，我们只能从其中一方面着手研究；可以发现，越来越多的人至少在部分时间生活于领土以外，以至于定义经验与抽象的条件都在超现代性三重加速效应之下发生着改变。

超现代性的个体经常出入的"外地点"或"非地点"并非权力的"非地点"，这权力被双重矛盾的需求缠绕：思考和定位普遍性、取消和缔造本土、肯定和否认起源。权力这个不可设想的部分，总是建构出社会秩序，如同通过自然现象的任意性，根据需要来颠倒用于思考的字眼。无疑，它在同时思考普遍与权威、同时反对专制和无政府主义的革命意志中找到了一种特定表述，但最为普遍的是，这一表述由整个地方性规则建立，根据定义，后者应该设计出权威的某种空间化表达。构成阿纳卡西斯·克洛茨的思想包袱的一个约束是（这偶尔显出他的"天真"），他将世界看作一个地点——当然，一个人类种群的地点。但这个地点是通过空间的组织和对一个中心的承认才得以成立的。此外，值得注意的是，当人们在今天讨论欧洲十二国（Europe des Douze）或者世界新秩序（Nouvel Ordre mondial）时，立即浮现的问题仍然是，它们的中心何在：布鲁塞尔（更别说斯特拉斯堡）还是波恩（更别说柏林）？纽约和联合国总部，还是华盛顿和五角大楼？地点思维总是缠绕着我们，而民族主义的"涌现"赋予它新的现实性，或许会被视为向地方化的"回归"。在此，帝国作为人类未来的所谓预兆，可能看上去会逐渐远去。但事实上，帝国的语言和摒弃它的民族语言是相同的，或许因为古老的帝国和新民族一样，应该在步入超现代性之前先征服其现代性。被视为极权世界的帝国从来都不是一个非地点。相反，在它的形象中，人们从不独处，所有人都处于即时监控下，而过去则被扬弃（彻底摧毁过去）。帝国，正如奥威尔或卡夫卡笔下的世界，并非前现代的，而是"类—现代"（para-moderne）的；错过了现代性的"类—现代"无论如何都不是现代性的未来，它也没有反映出我们试图证明的超现代性的三大特征。严格来讲，它是现代性的否定。它对历史的加速无感，而是将其重写；它限制流动和信息的自由，以防子民感受到空间的局限；同样（就像面对人权倡议时，它紧张易怒的反应），它将个体参照从意识形态中排除，并不惜将绝对的恶与极致的诱惑那闪闪发光的形象投射在边境线外。对此我们首先当然会联想到苏联，但还有其他大大小小的帝国。某些政治人物往往有这样的倾向：在非洲和亚洲，单一政党体制和君主政体是民主的必要前提。这种倾向吊诡地使人想起涉及东欧时，他们思想模式的陈旧迂腐和内在的邪恶特质。地点与非地点二者共存的障碍总是政治性的。无疑，东欧国家和其他国家将在流通和消费的全球网络中找到自身定位。然而，与之相符的非地点的扩张——首要定义是经济的、经验上可清查和可分析的非地点——已经超越了那些政治家的想法，他们对自己是谁知道得越来越少，才对可去的地方要求越来越多。

参考文献

Certeau (Michel de), *L'Invention du quotidien*. 1. Arts de faire (édition de 1990, Gallimard,《Folio-Essais》).

Chateaubriand, *Itinéraire de Paris à Jérusalem* (références faites à l'édition de 1964, Julliard).

Descombes (Vincent), *Proust, philosophie du roman*, Editions de Minuit, 1987.

Dumont (Louis), *La Tarasque*, Gallimard, 1987.

Dupront (Alphonse), *Du sacré*, Gallimard, 1987.

Furet (François), *Penser la Révolution*, Gallimard, 1978.

Hazard (Paul), *La Crise de la conscience européenne*, 1680-1715, Arthème Fayard, 1961.

L'Autre et le semblable. Regards sur l'ethnologie des sociétés contemporaines, textes rassemblés et introduits par Martine Segalen, Presses du CNRS, 1989.

Mauss (Marcel), *Sociologie et anthropologie*, PUF, 1966.

Starobinski (Jean),《Les cheminées et les clochers》, *Magazine littéraire*, n° 280, septembre 1990.

后

记

当一架国际航班飞过沙特阿拉伯上空时，空乘广播声明，飞行期间机舱内禁止饮酒。领土对空间的入侵在此表现出来。土地＝社会＝民族＝文化＝宗教：人类学地点的方程式瞬间重新写入空间。过了片刻，人们才重新找回空间的非地点。逃脱地点的极权控制，也就是重新找到某种类似自由的东西。

极具才华的英国作家戴维·洛奇（David Lodge）最近出版了一本现代版的寻找圣杯之旅，笔调幽默。故事发生在无国界、遍布全球但小众的高校符号语言学研究界。在这一背景中，幽默有着社会学价值：《小世界》①的高校圈子只是如今在全球铺展开来的社会"网络"之一，向多样化的个体提供着机会，以便他们踏上独特而又奇异的相似旅程。骑士般的冒险，归根结底也是大同小异。而个人的漂泊徘徊，无论在当下现实还是旧日神话中，是等待或希望的载体。

★★★

民族学总是与至少两种空间打交道——它所研究的地点的空间（村庄、企业），以及更广泛的意义上，这一地点所处的地方，其影响和约束对地方关系的内部运作发挥着效用（族群、王国、国家）。民族学因此陷入方法论上的无所适从：既不应无视他所观察的当下地点，也不应无视其外在边界区的永恒界线。

---

① David Lodge, *Small World*, Penguin Books, 1985.

在超现代性的处境中，这种外在的一部分由非地点构成，而非地点由形象构成。今天，对于非地点的频繁造访为一种史无前例的经验提供了机会；这一经验是孤独个体的经验，也是处在个体与公共权力之间的、非人类媒介的经验（一张海报或一个屏幕就够了）。

于是，当代社会的民族学家在周围世界中发现了个体的存在。而传统上，他们则习惯于找出那些为特殊形态或偶然事件赋予意义的一般决定性因素。

***

认为这种形象游戏不过是幻觉（后现代异化的一种形式）是错误的想法。对决定因素的分析永远无法穷尽现象真实的面貌。在非地点的经验中，重要的是其吸引力，它与领土式的吸引力，与地点和传统的分量成反比。周末或

节假日路上的车流、机场调度员处理机场跑道
的难度以及零售分销新形式的成功都毫无疑问
地见证了这一点。但还有一些现象，初看上去，
可以归咎于捍卫领土价值或找回承袭的身份的
忧虑。如果移民令当地居民如此困扰（通常是
非常抽象地感觉到），可能是因为移民使居民
们看到，铭刻在土地上的确切感是相对的：移
民角色中的迁徙感使他们既担心又着迷。在当
代欧洲图景中，如果我们不得不呼唤民族主义
的"回归"，或许应该留意，这一"回归"首
先包含了对集体规范的否定：民族认同模式显
然可以塑造这一否定，然而，是个体形象（个
体自由移动的形象）为其赋予意义，在今天使
其活跃，在未来或许也会使其衰退。

***

　　无论在质朴的形态还是奢华的表达中，

非地点的经验（离不开对历史的加速和地球之紧缩的或多或少的感知）都是当今所有社会存在的重要组成部分。像是特色鲜明且总地来说充满矛盾，有时在西方被视为一种自我封闭形式的"茧居"（cocooning）：个体历史（就其与空间、形象和消费的必要关系而言）从未与普遍历史和短期历史如此深地纠缠在一起。从此，所有的个体姿态都可以被理解：逃避（在家、外出）、恐惧（对自己、对他人的），还有经验（成就）的强度或反抗（对既有价值的）。社会分析再也不能略去个体，个体分析也再也不能忽视他们穿行于其中的种种空间。

***

也许，某天会传来来自另一个星球的信息。借由民族学家已小范围研究了其机制的连带效应，整个地球空间变成了一个地点。
"居住在地球上"将具有某种意义。在这一天
到来之前，我们不确定，环境承受的威胁是
否足以造成这样的状况。人类命运的共同体
在非地点的匿名性中孤独地进行自我检验。

★★★

因此，未来将会出现一种民族学——这
种民族学或许如今就已经存在（尽管在字面
上有明显矛盾）：孤独的民族学。